Kutubuddin Sayyad Liyakat Kazi

Mitigação de componentes de alta frequência utilizando RNA

Kutubuddin Sayyad Liyakat Kazi

Mitigação de componentes de alta frequência utilizando RNA

ScienciaScripts

Imprint

Cover image: www.ingimage.com

This book is a translation from the original published under ISBN 978-620-8-41520-4.

Publisher:
Sciencia Scripts
is a trademark of
Dodo Books Indian Ocean Ltd. and OmniScriptum S.R.L publishing group

120 High Road, East Finchley, London, N2 9ED, United Kingdom
Str. Armeneasca 28/1, office 1, Chisinau MD-2012, Republic of Moldova, Europe
Managing Directors: Ieva Konstantinova, Victoria Ursu
info@omniscriptum.com

Printed at: see last page
ISBN: 978-620-8-40714-8

Índice

Abreviaturas

IEC -International Electro-technical Commission

ASDs- Adjustable Speed Drives

LED- Light-Emitting Diodes

EV- Electric Vehicle

CEA-Central Electricity Authority

PV- Photovoltaic

RES- Renewable Energy Sources

PE- Power Electronics

PFC- Power Factor Correction

PCC- Point of Common Coupling

HF- High-Frequency

EMI- Electromagnetic Interference

LF- Low-Frequency

RF- Radio Frequency

ML- Machine Learning

DER- Distributed Energy Resources

MPPT- Maximum Power Point Tracking

PI- Proportional-Integral

DVR- Dynamic Voltage Restorer

ANN- Artificial Neural Network

HFO- High-frequency oscillation

LFO- Low-frequency oscillation

DC- Direct Current

AC- Alternating Current

P&O- Perturb and Observe

THD- Total Harmonic Distortion

RESUMO

As Redes Neuronais Artificiais (RNA) são uma ferramenta poderosa que pode ser utilizada para mitigar os componentes de alta frequência num sistema de distribuição moderno. As RNAs são capazes de aprender com os dados e identificar padrões que podem ser utilizados para prever e controlar o comportamento do sistema. Neste estudo, foi utilizada uma RNA para prever os componentes de alta frequência do sistema e para desenvolver uma estratégia de controlo para mitigar os seus efeitos. Os resultados do estudo mostraram que a RNA foi capaz de prever com precisão os componentes de alta frequência do sistema e que a estratégia de controlo foi capaz de atenuar eficazmente os seus efeitos. Este estudo demonstra o potencial das RNAs para mitigar os componentes de alta frequência num sistema de distribuição moderno. Este trabalho apresenta uma nova abordagem para atenuar os componentes de alta frequência num sistema de distribuição moderno utilizando uma Rede Neuronal Artificial (RNA). O método proposto utiliza a capacidade de uma RNA para aprender a relação complexa entre os parâmetros do sistema e os harmónicos de tensão de alta frequência. O modelo treinado da RNA é então utilizado para prever os componentes de alta frequência e gerar sinais de controlo para os atenuar. Os resultados experimentais demonstram a eficácia do método proposto na redução dos harmónicos de tensão de alta frequência e na melhoria da estabilidade do sistema. As principais contribuições deste trabalho são as seguintes: -

- Propõe-se um novo método para atenuar os componentes de alta frequência num sistema de distribuição moderno utilizando uma Rede Neuronal Artificial.
- O método proposto utiliza a capacidade de uma RNA para aprender a relação complexa entre os parâmetros do sistema e os harmónicos de tensão de alta frequência.
- O modelo ANN treinado é utilizado para prever os componentes de alta frequência e gerar sinais de controlo para os atenuar.
- Os resultados experimentais demonstram a eficácia do método proposto na redução dos harmónicos de tensão de alta frequência e na melhoria da estabilidade do sistema.
- Este trabalho tem implicações importantes para o funcionamento e o controlo dos sistemas de distribuição modernos. O método proposto pode ajudar a melhorar a estabilidade do sistema e a qualidade da energia, o que pode levar a uma maior fiabilidade e eficiência.

Também comparamos o resultado observado pela ANN com o controlador Fuzzy e os controladores PI. Os resultados são melhores do que os dos outros controladores.

Também comparamos o resultado observado pela ANN com o controlador Fuzzy e os controladores PI. Os resultados são melhores do que os dos outros controladores.

CAPÍTULO 1- INTRODUÇÃO

1.1 Antecedentes

Os dispositivos industriais e comerciais modernos, que são alimentados por circuitos de eletrónica de potência e têm um comportamento não linear, tendem a produzir problemas de qualidade da energia nos sistemas eléctricos, incluindo harmónicas e inter-harmónicas, ondulação, tremulação, picos, entalhes e instabilidades transitórias. Entre eles, a emissão de harmónicas é o desafio mais significativo a ser superado pelas redes de distribuição. A corrente indesejada, o sobreaquecimento de motores e transformadores, a falha de equipamentos e o mau funcionamento de disjuntores são algumas das consequências das harmónicas. Embora seja importante empregar os melhores métodos para atenuar ou suprimir as distorções harmónicas nos sistemas de energia, é ainda mais essencial estimar estas harmónicas desde o início, desenvolvendo técnicas inteligentes, eficientes e precisas.

A qualidade e a fiabilidade da energia nos sistemas de distribuição têm vindo a suscitar um interesse crescente nos tempos modernos e tornaram-se uma área de preocupação para as aplicações industriais e comerciais modernas. A introdução de sistemas de fabrico sofisticados, accionamentos industriais e equipamentos electrónicos de precisão nos tempos modernos exige uma maior qualidade e fiabilidade do fornecimento de energia nas redes de distribuição do que nunca. Os problemas de qualidade da energia abrangem uma vasta gama de fenómenos. A queda/subida de tensão, a tremulação, a distorção harmónica, os transitórios de impulso e as interrupções são alguns deles. Estas perturbações são responsáveis por problemas que vão desde o mau funcionamento ou erros até ao encerramento de instalações e perda de capacidade de fabrico. Os afundamentos/ondulações de tensão podem ocorrer com mais frequência do que qualquer outro fenómeno de qualidade da energia. Estas oscilações são os problemas de qualidade de energia mais importantes no sistema de distribuição de energia[1].

A queda de tensão é definida pelo IEEE 1159 como a diminuição do nível de tensão rms para 10%-90% do nominal, na frequência de potência, durante períodos de ½ ciclo a um minuto. A terminologia da IEC (International Electro-technical Commission) para a queda de tensão é dip. A IEC define a queda de tensão como uma redução súbita da tensão num ponto do sistema elétrico, seguida de uma recuperação da tensão após um curto período, de ½ ciclo a alguns segundos. Os afundamentos de tensão estão normalmente associados a falhas no sistema, mas também podem ser gerados pela energização de cargas pesadas ou pelo arranque de grandes motores que podem consumir 6 a 10 vezes a sua corrente de carga total durante o arranque. As durações dos afundamentos são subdivididas em três categorias: instantânea, momentânea e temporária - todas elas coincidindo com os tempos de operação dos dispositivos da concessionária[2].

Os dispositivos e equipamentos alimentados por conversores electrónicos de potência, tais como computadores, variadores de velocidade ajustáveis (ASD) e díodos emissores de luz (LED) para iluminação, são frequentemente utilizados em aplicações industriais e redes de distribuição. Por conseguinte, devido ao emprego maciço destes dispositivos e ao seu comportamento não linear nos sistemas eléctricos, a qualidade da energia surgiu como uma das principais preocupações das empresas de energia e dos operadores de rede. A eficiência do equipamento elétrico é afetada por uma série de problemas de qualidade de energia, incluindo harmónicos de tensão e corrente, inter-harmónicos, instabilidade de tensão (sag e swell), cintilação, entalhe de tensão, instabilidade transitória e desequilíbrio da rede. Entre eles, a distorção harmónica é o fator mais significativo que se manifesta como emissões de tensão e corrente[3].

As harmónicas aquecem os motores, os cabos e os transformadores, reduzem a eficiência, causam perturbações no funcionamento dos disjuntores e criam tensões de entalhe, descargas atmosféricas, instabilidade da rede e mau funcionamento do equipamento de rede. É de salientar que as cargas não lineares alteram a natureza sinusoidal da corrente de alimentação CA, fazendo com que as correntes harmónicas circulem através do sistema de alimentação CA e perturbem potencialmente os circuitos de comunicação e outros tipos de dispositivos. Além disso, estas correntes harmónicas aumentam o aquecimento e as perdas em diversos equipamentos electromagnéticos (motores, transformadores, etc.). As circunstâncias ressonantes que podem levar a grandes níveis de distorção harmónica da tensão e da corrente podem surgir quando é utilizada a compensação de potência reactiva, sob a forma de condensadores de melhoria do fator de potência. Isto é especialmente verdade quando a condição de ressonância ocorre numa harmónica devido a cargas não lineares. Os principais contribuintes para as harmónicas nos sistemas de energia são os dispositivos de comutação eletrónica de potência e os conversores que actuam como cargas não lineares, os ASD, os carregadores de veículos eléctricos, as lâmpadas fluorescentes LED e as fontes de alimentação de computadores[4].

Numa série de aplicações industriais, são cada vez mais utilizadas configurações de circuitos como os sistemas de acionamento de motores com um retificador de díodos à frente e um inversor atrás. Estima-se que o consumo de sistemas de acionamento de motores representa 46% de toda a eletricidade mundial, o que faz com que os fabricantes melhorem a qualidade da energia, a eficiência e a gestão energética da rede. A Figura 1.1 apresenta um ASD ao nível da unidade/produto com uma rede de distribuição ligada ao retificador de díodos trifásico e ao filtro DC-choke. Neste circuito, Zg é a impedância da rede, e a impedância do filtro CC é formada por Ldc e Rdc , e a impedância do condensador do elo CC é representada por Cdc e Rc . É de referir que os equipamentos electrónicos de potência monofásicos e trifásicos são as fontes de harmónicos de corrente, que em combinação com a impedância da rede resultam em harmónicos de tensão.

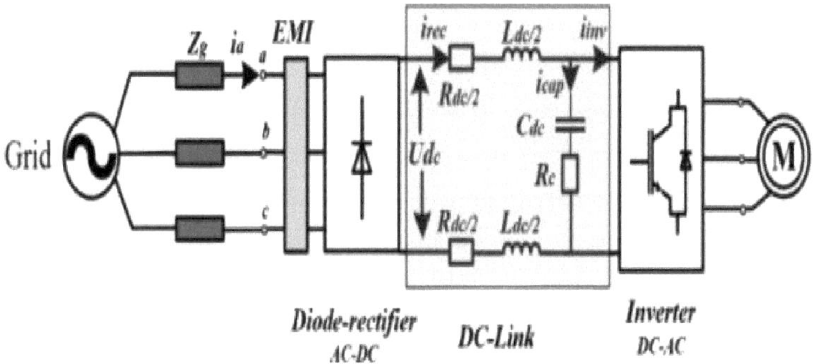

Figura 1.1- Retificador trifásico de díodos

Como a qualidade da energia está estritamente relacionada com as consequências económicas associadas ao equipamento, deve ser avaliada tendo em conta o ponto de vista do cliente. Assim, a necessidade de soluções dedicadas a clientes individuais com cargas altamente sensíveis é grande, uma vez que é necessária uma resposta rápida da regulação da tensão. Além disso, é necessário sintetizar as caraterísticas das subidas e descidas de tensão, tanto nas distribuições domésticas como nas industriais. Para além da variação das magnitudes, as subidas e descidas de tensão podem também ser acompanhadas por uma alteração do ângulo de fase. Este fenómeno é conhecido como salto do ângulo de fase (ou seja, a variação do ângulo de fase antes do início e durante os eventos de subida ou descida de tensão e é calculado como um argumento da tensão complexa)[5].

1.2 Introdução

Um sistema de distribuição eléctrica é um componente vital de qualquer rede eléctrica. É responsável pelo fornecimento de eletricidade desde as linhas de transmissão até aos utilizadores finais, assegurando um fluxo de energia fiável e eficiente. Um sistema de distribuição eléctrica é uma parte complexa e essencial da rede eléctrica. A conceção, operação e manutenção adequadas são fundamentais para garantir um fluxo fiável e eficiente de eletricidade para os utilizadores finais. À medida que a indústria da eletricidade evolui, novos desafios e inovações continuarão a moldar o futuro dos sistemas de distribuição eléctrica. Ao abraçar estes avanços, podemos criar uma infraestrutura eléctrica mais sustentável e resiliente para o século XXI.

Atualmente, a Central Electricity Authority (CEA) da Índia utiliza métodos convencionais (tais como relés de sobrecorrente, de tensão e diferenciais) para diagnosticar defeitos em transformadores de potência. No entanto, há alguns eventos que provocam o funcionamento desnecessário da proteção diferencial. Ao mesmo tempo, a causa do sinal diferencial é maior, apesar de não existir qualquer defeito interno. Além disso, existem vários algoritmos de decisão que desenvolvidos para a proteção de relés para evitar erros de disparo. Assim, o funcionamento desnecessário do equipamento de proteção em diferentes condições de não-falta é resolvido por vários métodos, incluindo a corrente de irrupção magnetizante, o desfasamento do rácio, a linha de corrente de passagem de defeito, etc.[6].

Nas últimas três décadas, a procura mundial de energia aumentou de forma dramática e constante, como ilustrado na Fig. 1.2 (um aumento de 72% entre 2000 e 2018). O consumo mundial de eletricidade aumentou para mais de 23 000 TWh no final de 2018, um aumento fenomenal de mais de 4% em relação ao nível do ano anterior. Os países com economias em rápido desenvolvimento, populações em crescimento e rendimentos per capita mais elevados são os principais responsáveis por este aumento da procura. Como resultado, as necessidades eléctricas destes países aumentaram drasticamente, contribuindo significativamente para a escassez mundial. Em 2018, o consumo anual de eletricidade a nível mundial foi de cerca de 157 064 TWh, sendo 86% deste total proveniente de combustíveis fósseis.

A menos que sejam envidados esforços consideráveis para avançar no sentido da descarbonização, continuar a depender fortemente dos combustíveis fósseis resultará na emissão de cerca de 35 GT/ano de CO_2, criando perigos ambientais significativos. Um sector energético mais sustentável no futuro pode ser alcançado através de uma maior utilização de energias renováveis na produção de eletricidade. As instalações de produção de energia eólica e solar são particularmente promissoras devido à sua disponibilidade ilimitada, às grandes capacidades de fornecimento de energia e à competitividade dos custos, entre outras vantagens[7].

As fontes de energia eólica e solar são irregulares em várias escalas de tempo, variando de minutos a anos, devido à dependência das condições climáticas, que infligem confrontos aos trabalhadores da rede eléctrica nacional. As diferenças destes dois recursos não têm uma caraterística semelhante, também frequentemente, a dissimilaridade das fontes eólicas e solares não se ajustam em relação a uma construção de frequência de fase, além da magnitude da variação. Assim, uma fusão adequada destas duas fontes pode ser uma abordagem para alcançar, tal como, uma potência de saída global parcialmente suavizada. A variabilidade e a intermitência destas duas fontes podem ser bem controladas e visualizadas quando estes esquemas são utilizados em simultâneo. Num sistema de energia com uma contribuição considerável destas duas fontes, é essencial conhecer a relação entre os recursos de energia para satisfazer as necessidades dos clientes e melhorar a reserva giratória.

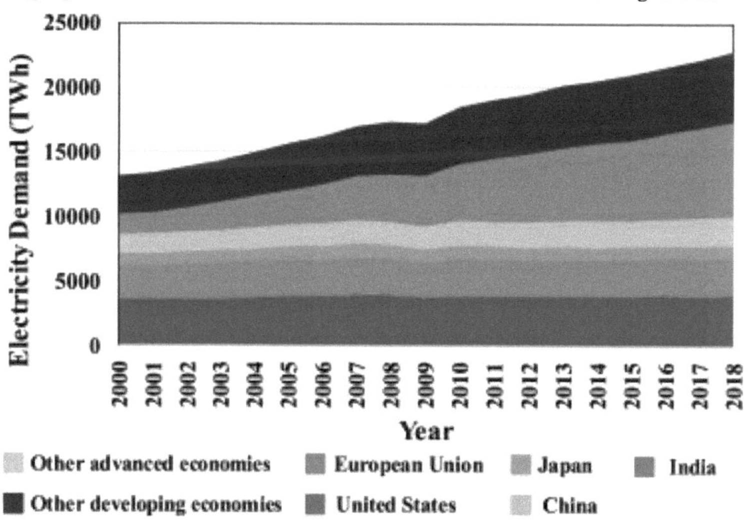

Figura 1.2- Procura global de eletricidade por região

A integração da produção de energia fotovoltaica (PV) e eólica na rede apresenta vários desafios, incluindo a produção de energia intermitente, problemas com a integração na rede, uma carga sobre a capacidade da rede, perturbações na qualidade da energia, complicações de gestão e a necessidade de quadros regulamentares e mecanismos de mercado de apoio. Estes desafios resultam da natureza intermitente das fontes de energia renováveis (FER), da necessidade de reforço da rede, das preocupações com a qualidade da energia, do equilíbrio entre a oferta e a procura e da garantia de uma remuneração adequada para os produtores de energia renovável. A fim de resolver eficazmente estas dificuldades, é necessário um planeamento rigoroso, previsões avançadas, sistemas de controlo da rede e legislação de apoio[8].

A tendência internacional para a utilização de sistemas energéticos mais sustentáveis no sector da energia tem sido impulsionada principalmente por esquemas de redução das emissões de gases com efeito de estufa e pelo aumento do consumo de energia. Uma medida possível nas redes de energia actuais é a integração de tecnologias mais amigas do ambiente, como a energia solar PV, as turbinas eólicas (WT) e os veículos eléctricos (EV), que se integram na rede eléctrica através de dispositivos de eletrónica de potência (PE). A imprevisibilidade dos recursos de energia renovável, para além do comportamento de comutação dos sistemas de conversão de energia baseados em PE, pode pôr em perigo a qualidade do fornecimento do sistema de energia[1] . Os harmónicos de potência, que são um dos tópicos cruciais dos problemas de qualidade da energia, podem levar a efeitos indesejáveis no sistema de energia, como o aumento das perdas de energia, o sobreaquecimento e a vibração dos transformadores de potência e dos motores, a degradação do fator de potência e o mau funcionamento dos sistemas de proteção[2] . Estas consequências financeiras e técnicas relacionadas com os harmónicos sublinharam a necessidade de medidas eficazes para manter as distorções harmónicas a níveis mais baixos possíveis e assegurar o cumprimento dos limites normalizados, como a norma IEEE Std. 519.

Quando várias fontes de harmónicas estão ligadas a uma rede, as distorções harmónicas podem violar os limites normalizados. Por conseguinte, os operadores da rede devem designar a fonte de harmónicas infratora para impor o cumprimento dos limites da norma, a fim de melhorar a qualidade da energia e reduzir os seus efeitos.

No entanto, as emissões de harmónicas de um sistema baseado em PE ligado à rede podem diferir do desempenho harmónico fornecido pelos vendedores e a avaliação das distorções da corrente de saída destes conversores de potência através de equipamento de medição convencional não pode refletir as verdadeiras emissões de harmónicas , ,[3][4][5] . Isto pode ser atribuído às interações entre os circuitos de controlo dos conversores de potência, a impedância da rede e as harmónicas de fundo causadas por outras fontes de harmónicas existentes , ,[6][7][8][9] . ,Além disso, a presença de elementos capacitivos dos filtros passivos ao nível do conversor e de sistemas de correção do fator de potência (PFC) ao nível da rede pode desencadear ressonâncias que amplificam os componentes harmónicos existentes na rede e influenciam o desempenho harmónico de um conversor de potência ligado à rede, pelo que pode ocorrer uma estimativa errada da contribuição real da fonte de harmónicas ,[10][11] . Além disso, a natureza intermitente dos recursos energéticos renováveis, que resulta em diferentes condições de funcionamento, tem um impacto significativo no desempenho harmónico dessas fontes de harmónicas , , , .[12][13][14][15]

Para clarificar o problema, a Figura 1 .3 representa uma rede de distribuição de energia eléctrica que inclui o circuito equivalente da rede, fontes de energia renováveis baseadas em PE, condensadores PFC e uma carga linear. As correntes variáveis no tempo das aplicações baseadas em PE (i.e., $I_{PVt,(WT)}(t)$, $ei_{EV}(t)$) são compostas por componentes fundamentais e harmónicas que são injectadas na rede eléctrica no Ponto de Acoplamento Comum (PCC). A rede está normalmente associada a harmónicas de fundo provenientes de outras fontes de harmónicas eletricamente distantes que podem ser amplificadas por ressonâncias introduzidas pelo condensador PFC. Devido às interações entre as fontes de harmónicas e as mudanças de estado ao nível da rede eléctrica, as distorções harmónicas resultantes calculadas apenas a partir da corrente de saída de uma fonte de harmónicas não reflectiriam com precisão as suas distorções harmónicas reais.

Os operadores e utilizadores de sistemas de energia são, portanto, obrigados a monitorizar extensivamente o desempenho harmónico de cada sistema ligado à rede em diferentes condições de funcionamento para identificar a sua contribuição real para os problemas relacionados com os harmónicos. No entanto, as verdadeiras distorções harmónicas só podem ser obtidas quando a tensão no PCC é sinusoidal pura, o que é impraticável uma vez que requer a desconexão de todas as outras potenciais cargas não lineares/fontes de harmónicas e a redução da impedância da rede a zero [4], [5].

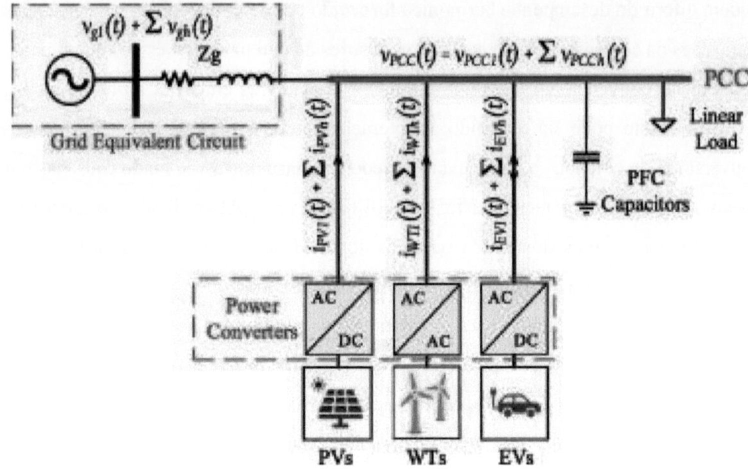

Figura 1.3- Ilustração dos modernos sistemas de distribuição de energia eléctrica

1.3 Componentes de alta frequência

A utilização de componentes de alta frequência (HF) nos sistemas de distribuição modernos está a aumentar rapidamente. Isto deve-se a vários factores, incluindo a necessidade de maior densidade de potência, maior eficiência e dimensões reduzidas. Os componentes de alta frequência podem também ser utilizados para reduzir a interferência electromagnética (EMI) e melhorar a integridade do sinal. Uma das aplicações mais importantes dos componentes HF em sistemas de distribuição é nos conversores de potência . Os conversores de energia são utilizados para converter energia CA em energia CC, ou vice-versa. Os componentes HF podem ser utilizados para reduzir o tamanho e o peso dos conversores de potência e para melhorar a sua eficiência. Os componentes HF são também utilizados em redes de distribuição de energia para melhorar a integridade do sinal e reduzir a EMI. A integridade do sinal é importante para garantir que os dados sejam transmitidos com exatidão e sem erros. A EMI pode interferir com o funcionamento de outros dispositivos electrónicos, pelo que é importante minimizar os níveis de EMI nos sistemas de distribuição. A utilização de componentes HF em sistemas de distribuição é uma tendência relativamente nova, mas espera-se que continue a crescer nos próximos anos. Os componentes de alta frequência oferecem várias vantagens em relação aos componentes tradicionais de baixa frequência (LF), incluindo maior densidade de potência, maior eficiência, tamanho reduzido e EMI reduzida. Como resultado, os componentes de alta frequência estão a tornar-se cada vez mais populares numa vasta gama de aplicações, incluindo conversores de potência, redes de distribuição de energia e sistemas de telecomunicações[16].

As linhas de fornecimento de energia são essenciais para distribuir energia eléctrica a casas, empresas e indústrias. No entanto, estas linhas também podem transportar componentes de alta frequência (HF) que podem interferir com dispositivos electrónicos e causar interferência electromagnética (EMI). Esta análise examina as fontes, os efeitos e as técnicas de atenuação dos componentes HF nas linhas de alimentação eléctrica.

Os componentes HF nas linhas de alimentação eléctrica podem ter origem em várias fontes, incluindo

- **Dispositivos de comutação:** Os dispositivos electrónicos de potência, como tirístores e transístores, geram transientes de alta frequência durante as operações de comutação. A eletrónica de potência, como os inversores, conversores e fontes de alimentação comutadas, funciona a altas frequências. Quando estes dispositivos comutam rapidamente entre os estados ligado e desligado, podem gerar ruído de alta frequência devido às arestas vivas das transições de comutação.

- **Arcos eléctricos:** Os arcos eléctricos no equipamento de distribuição de energia podem produzir ruído de alta frequência. O arco voltaico é um tipo de descarga eléctrica que ocorre quando os electrões fluem entre dois condutores, normalmente de metal, num ambiente com gás ou vácuo. Os condutores podem ser fios, varetas ou outros objectos capazes de transportar uma corrente eléctrica.

- **Contaminação do isolador:** Devido às condições ambientais inevitáveis, estes isoladores são expostos a poeira, humidade, chuva, nevoeiro, etc. Como resultado, os isoladores contaminados levam a flashover e causam falhas na rede. A sujidade e a humidade nos isoladores podem criar correntes de fuga que geram componentes HF.

- **Ressonâncias:** A ressonância é a ocorrência de um objeto vibrante que faz com que outro objeto vibre com uma amplitude maior. A ressonância ocorre quando a frequência de vibração do objeto inicial corresponde à frequência ressonante ou frequência natural do segundo objeto. As linhas eléctricas podem entrar em ressonância a determinadas frequências, amplificando os sinais de alta frequência.

- **Distorção harmónica:** As cargas não lineares ligadas às linhas de alimentação, tais como equipamento eletrónico com rectificadores ou accionamentos de motores, podem introduzir harmónicas no sistema de alimentação. As harmónicas são múltiplos da frequência fundamental (tipicamente 50 ou 60 Hz) e podem estender-se a gamas de frequência mais elevadas, especialmente em sistemas com fraca qualidade de energia.

- **Eventos transitórios:** Perturbações transitórias, tais como descargas atmosféricas, sobretensões de comutação ou falhas na rede eléctrica, podem injetar componentes de alta frequência nas linhas de fornecimento de energia. Estes eventos transitórios contêm frequentemente uma vasta gama de componentes de frequência, incluindo altas frequências.

- **Interferência electromagnética (EMI):** Fontes externas de interferência electromagnética, como sinais de rádio, equipamento elétrico próximo ou maquinaria industrial, podem induzir ruído de alta frequência nas linhas de alimentação através de acoplamento eletromagnético.

- **Conceção da fonte de alimentação:** A filtragem inadequada, a má conceção da disposição e a blindagem insuficiente dos circuitos da fonte de alimentação podem levar a que o ruído de alta frequência seja acoplado às linhas da fonte de alimentação. Isto pode ocorrer devido a capacitâncias, indutâncias e resistências parasitas nos componentes e circuitos da fonte de alimentação.

- **Problemas de ligação à terra:** Práticas inadequadas de ligação à terra ou loops de terra podem introduzir ruído de alta frequência nas linhas de alimentação eléctrica. Os problemas de ligação à terra podem resultar em diferenciais de tensão entre diferentes partes do sistema, levando à injeção de sinais indesejados nas linhas de alimentação.

- **Diafonia:** Em sistemas com várias linhas de alimentação ou linhas de sinal a funcionar nas proximidades, pode ocorrer diafonia, em que os sinais de uma linha induzem sinais indesejados em linhas adjacentes. Isto pode resultar na introdução de componentes de alta frequência nas linhas de alimentação eléctrica.

1.4 Efeitos dos componentes HF

Os componentes HF nas linhas de alimentação podem ter vários efeitos adversos nos dispositivos electrónicos[17], tais como

- Interferência EMI: Os sinais HF podem acoplar-se aos circuitos electrónicos e perturbar o seu funcionamento. As interferências electromagnéticas (EMI) são ruídos ou interferências indesejáveis num percurso ou circuito elétrico provocados por uma fonte exterior. Também é conhecida como interferência de radiofrequência. A EMI pode fazer com que os aparelhos electrónicos funcionem mal, tenham um mau funcionamento ou deixem de funcionar completamente. A EMI pode ser causada por fontes naturais ou de origem humana.
- Erros de dados: Os componentes HF podem corromper a transmissão de dados nos sistemas de comunicação. O erro de dados refere-se a imprecisões ou inconsistências nos dados que podem ocorrer durante as fases de recolha, processamento ou armazenamento. Os erros de dados também podem ocorrer devido a um conjunto diversificado de problemas que podem surgir nos conjuntos de dados, desde dados em falta e duplicados até valores aberrantes, inconsistências e imprecisões.
- Mau funcionamento do equipamento: Os transientes de alta frequência podem danificar componentes electrónicos ou provocar o mau funcionamento do equipamento. Uma avaria completa do equipamento

significa que o equipamento deixa de estar funcional, enquanto que uma avaria parcial significa que o equipamento continua operacional, mas não com o seu desempenho total. As avarias inesperadas do equipamento podem resultar em atrasos na produção, perda de horas de produção, paragens não planeadas e problemas de segurança.

1.5 Técnicas de atenuação

Podem ser utilizadas várias técnicas para atenuar os componentes HF nas linhas de alimentação eléctrica[18], incluindo

- Filtragem: Um filtro é um circuito de corrente alternada que separa algumas frequências de outras em sinais de frequência mista Podem ser instalados filtros de linha para impedir que os sinais de alta frequência entrem ou saiam das linhas eléctricas.
- Blindagem: A blindagem electromagnética é o processo de redução do campo eletromagnético numa área, barricando-a com material condutor ou magnético. O cobre é utilizado para blindagem de radiofrequência (RF) porque absorve ondas de rádio e outras ondas electromagnéticas. A colocação de dispositivos electrónicos em caixas blindadas pode protegê-los de interferências de alta frequência.
- Ligação à terra: A ligação à terra eléctrica é o processo de direcionar o excesso de eletricidade para a terra através de um fio. Conhecido como fio de ligação à terra, é um componente de segurança essencial na maioria dos sistemas eléctricos. O fio de ligação à terra descarrega o excesso de eletricidade em segurança para a terra, de modo a não causar ferimentos ou incêndios A ligação à terra adequada das linhas eléctricas e do equipamento eletrónico pode ajudar a reduzir o ruído HF.
- Transformadores de isolamento: Os transformadores de isolamento proporcionam um isolamento galvânico; não existe qualquer caminho condutor entre a fonte e a carga. Este isolamento é utilizado para proteção contra choques eléctricos, para suprimir o ruído elétrico em dispositivos sensíveis ou para transferir energia entre dois circuitos que não devem ser ligados. Os transformadores de isolamento proporcionam um isolamento elétrico entre as linhas de alimentação e os circuitos electrónicos, reduzindo o acoplamento HF.

- Análise no domínio da frequência: A análise no domínio da frequência é amplamente utilizada em áreas como as comunicações, a geologia, a deteção remota e o processamento de imagens. Enquanto a análise no domínio do tempo mostra como um sinal muda ao longo do tempo, a análise no domínio da frequência mostra como a energia do sinal é distribuída numa gama de frequências. A análise do espetro de frequência dos componentes HF pode ajudar a identificar a fonte e a desenvolver estratégias de mitigação direcionadas.

Para atenuar os efeitos do ruído de alta frequência nas linhas de alimentação, os engenheiros utilizam técnicas como filtragem, blindagem, ligação à terra adequada, isolamento e utilização de componentes concebidos para lidar com sinais de alta frequência. No entanto, este estudo não é suficiente para eliminar todos os problemas. A abordagem baseada na aprendizagem automática (ML) ou em redes neuronais é mais proeminente e tem de ser utilizada para garantir a estabilidade, a fiabilidade e o desempenho do sistema de alimentação eléctrica.

Os componentes de alta frequência nas linhas de alimentação podem colocar desafios significativos aos dispositivos e sistemas electrónicos. Compreender as fontes, os efeitos e as técnicas de atenuação dos componentes HF é crucial para garantir um funcionamento fiável e sem interferências do equipamento eletrónico. Através da utilização de medidas adequadas de filtragem, blindagem e ligação à terra, é possível minimizar o impacto do ruído de alta frequência nas linhas de alimentação e proteger os dispositivos electrónicos sensíveis[19].

1.6 Mitigação dos componentes de alta frequência num sistema de distribuição moderno

Os componentes de alta frequência (HF) nos sistemas de distribuição modernos podem colocar desafios significativos à estabilidade do sistema e à qualidade da energia eléctrica. Para enfrentar estes desafios, os investigadores estão a explorar várias estratégias de atenuação. Uma abordagem promissora envolve a utilização de filtros passivos. Estes filtros são concebidos para atenuar os componentes de alta frequência, permitindo a passagem dos componentes de baixa frequência (LF). Os filtros passivos podem ser instalados em vários locais do sistema de distribuição, como nas subestações ou no ponto de acoplamento comum (PCC). Outra estratégia de atenuação envolve a utilização de filtros activos. Os filtros activos são mais sofisticados do que os filtros passivos e podem proporcionar um controlo mais preciso dos componentes HF. Os filtros activos podem ser utilizados para anular os componentes HF ou para moldar a resposta em frequência do sistema de distribuição. Para além dos filtros passivos e activos, outras estratégias de atenuação dos componentes de alta frequência incluem

- Utilização de recursos energéticos distribuídos (DER) para fornecer apoio local à regulação da tensão
- Implementação de programas de resposta à procura para reduzir os picos de procura e reduzir o impacto das componentes HF
- Modernização das infra-estruturas de distribuição para melhorar a sua capacidade de resistência aos componentes HF

A mitigação de componentes HF em sistemas de distribuição modernos é um desafio complexo. No entanto, ao explorar uma variedade de estratégias de atenuação, os investigadores e engenheiros podem ajudar a garantir a estabilidade e a qualidade da energia destes sistemas.

Os componentes de alta frequência (HF) nos sistemas de distribuição modernos podem causar uma variedade de problemas, incluindo

- Aumento das perdas: Os componentes HF podem aumentar as perdas em transformadores, cabos e outros componentes do sistema.
- Interferência com sistemas de comunicação: Os componentes HF podem interferir com sistemas de rádio, televisão e outros sistemas de comunicação.
- Danos nos equipamentos: Os componentes HF podem danificar equipamentos electrónicos sensíveis.

Para atenuar estes problemas, podem ser utilizadas várias estratégias, nomeadamente:

- Filtragem: Os filtros podem ser utilizados para remover componentes HF do sistema.
- Blindagem: A blindagem pode ser utilizada para impedir a entrada de componentes HF no sistema.

- Proteção contra sobretensões: Os dispositivos de proteção contra sobretensões podem ser utilizados para proteger o equipamento contra danos causados por componentes HF.

Utilizando estas estratégias, é possível atenuar os efeitos dos componentes HF nos sistemas de distribuição modernos e melhorar o desempenho global do sistema[20].

1.7 Controlador MPPT

Um MPPT, ou maximum power point tracker, é um conversor eletrónico CC-CC que optimiza a correspondência entre o painel solar (painéis fotovoltaicos) e o banco de baterias ou a rede eléctrica. Simplificando, convertem uma saída DC de tensão mais elevada dos painéis solares (e alguns geradores eólicos) para a tensão mais baixa necessária para carregar as baterias.
O seguimento do ponto de potência máxima é um seguimento eletrónico - geralmente digital. O controlador de carga olha para a saída dos painéis e compara-a com a tensão da bateria. Depois descobre qual é a melhor potência que o painel pode emitir para carregar a bateria. Pega nisso e converte-o para a melhor tensão para obter o máximo de AMPS na bateria. (Lembre-se, o que conta são os amperes na bateria). A maioria dos MPPTs modernos são cerca de 93-97% eficientes na conversão. Normalmente, obtém-se um ganho de energia de 20 a 45% no inverno e de 10-15% no verão. O ganho real pode variar muito dependendo do tempo, temperatura, estado de carga da bateria e outros factores[21].

Os sistemas de ligação à rede estão a tornar-se mais populares à medida que o preço da energia solar desce e as tarifas eléctricas sobem. Existem várias marcas de inversores apenas de ligação à rede (ou seja, sem bateria) disponíveis. Todos eles têm MPPT incorporado. A eficiência é de cerca de 94% a 97% para a conversão MPPT nesses inversores.

É aqui que entra a otimização ou o seguimento do ponto de potência máxima. Suponha que a sua bateria está fraca, a 12 volts. Um MPPT pega nos 17,6 volts a 7,4 amperes e converte-os para baixo, de modo a que a bateria receba agora 10,8 amperes a 12 volts. Agora ainda tem quase 130 watts e todos ficam satisfeitos.

Idealmente, para uma conversão de energia de 100%, obteria cerca de 11,3 amperes a 11,5 volts, mas tem de alimentar a bateria com uma tensão mais elevada para forçar a entrada dos amperes. E esta é uma explicação simplificada - na realidade, a saída do controlador de carga MPPT pode variar continuamente para se ajustar para obter o máximo de amperes na bateria[22].

O Power Point Tracker é um conversor de CC para CC de alta frequência. Pegam na entrada CC dos painéis solares, transformam-na em CA de alta frequência e voltam a convertê-la para uma tensão e corrente CC diferentes, de modo a fazer corresponder exatamente os painéis às baterias. Os MPPT funcionam a frequências de áudio muito elevadas, normalmente na gama de 20-80 kHz. A vantagem dos circuitos de alta frequência é que eles podem ser projetados com transformadores de alta eficiência e componentes pequenos. A conceção de circuitos de alta frequência pode ser muito complicada devido aos problemas com partes do circuito que "emitem", tal como um transmissor de rádio que causa interferências na rádio e na televisão. O isolamento e a supressão do ruído tornam-se muito importantes.

Existem alguns controlos de carga MPPT não digitais (ou seja, lineares). Estes são muito mais fáceis e baratos de construir e projetar do que os digitais. Melhoram um pouco a eficiência, mas, em geral, a eficiência pode variar muito - e vimos alguns perderem o seu "tracking point" e, de facto, piorarem. Isso pode acontecer ocasionalmente se uma nuvem passar por cima do painel - o circuito linear procura o próximo melhor ponto, mas depois fica demasiado longe para o encontrar novamente quando o sol aparece. Felizmente, já não existem muitos destes casos.

O seguidor de ponto de potência (e todos os conversores CC-CC) funciona pegando na corrente de entrada CC, transformando-a em CA, passando por um transformador (normalmente um toróide, um transformador com aspeto de donut) e rectificando-a de novo para CC, seguida do regulador de saída. Na maioria dos conversores de CC para CC, este é um processo estritamente eletrónico - não estão envolvidos verdadeiros conhecimentos, exceto alguma regulação da tensão de saída. Os controladores de carga para painéis solares precisam de muito mais inteligência, uma vez que as condições de luz e temperatura variam continuamente ao longo do dia e a tensão da bateria muda.

Nos sistemas fotovoltaicos (PV), a maximização da produção de energia é crucial para um desempenho ótimo. Os controladores MPPT (Maximum Power Point Tracking) desempenham um papel vital neste contexto, assegurando que os painéis solares funcionam no seu ponto de potência máxima (MPP). O MPP de um painel solar é o ponto em que este gera a maior potência de saída a uma dada tensão e corrente. No entanto, o MPP varia em função de factores como a temperatura da célula, a irradiação solar e o envelhecimento do painel.

Os controladores MPPT monitorizam continuamente a tensão e a corrente produzidas pelos painéis solares e ajustam a resistência da carga para seguir o MPP. Isto é conseguido através de algoritmos avançados que identificam o ponto onde o produto da tensão e da corrente é maximizado[23].

Existem dois tipos principais de controladores MPPT:

1. Perturbar e observar (P&O): Este método ajusta repetidamente a resistência de carga em pequenos incrementos e observa a alteração na potência de saída. Se a saída aumentar, o ajuste continua na mesma direção; caso contrário, inverte.
2. Condutância incremental (IC): Este método compara a condutância instantânea (dI/dV) com a condutância incremental no MPP (dI/dV = -I/V). A resistência de carga é ajustada para manter o rácio de condutância desejado.

Vantagens dos controladores MPPT-

- Aumento da captação de energia: Os controladores MPPT aumentam significativamente a produção de energia dos sistemas fotovoltaicos até 30% em comparação com os sistemas não-MPPT. Redução dos custos do sistema: Ao maximizar a produção de energia, os controladores MPPT podem reduzir o número de painéis solares necessários para um determinado tamanho de sistema, baixando os custos globais do sistema.
- Melhoria da eficiência do sistema: Os controladores MPPT regulam o fluxo de energia entre os painéis solares e a carga, assegurando uma utilização óptima e reduzindo as perdas.
- Vida útil prolongada da bateria: Os controladores MPPT protegem as baterias evitando a sobrecarga e a subcarga, prolongando a sua vida útil.

Ao selecionar um controlador MPPT, considere os seguintes factores:

- Tensão do sistema: Escolha um controlador com uma gama de tensão que corresponda à tensão dos seus painéis solares.
- Classificação da corrente: Certifique-se de que a corrente nominal do controlador é suficiente para lidar com o pico de corrente de saída dos painéis.

- Caraterísticas: Considere caraterísticas adicionais, tais como algoritmos de carregamento da bateria, capacidades de monitorização remota e proteção contra sobretensão.

A instalação de controladores MPPT é normalmente simples. Siga cuidadosamente as instruções do fabricante e certifique-se de que a cablagem e a ligação à terra são corretas. Os controladores MPPT são componentes essenciais dos sistemas fotovoltaicos que maximizam a recolha de energia, reduzem os custos, melhoram a eficiência e prolongam a vida útil da bateria. Ao empregar algoritmos avançados, os controladores MPPT garantem que os painéis solares funcionam no seu ponto de potência ótimo, resultando em benefícios significativos para aplicações residenciais e comerciais.

1.8 Conversores-

Seguem-se os conversores que estamos a utilizar no nosso trabalho. São eles

1. Conversor CA para CC
2. Conversor de CC para CC
3. Conversor de CC para CA

1.8.1 Conversor AC para DC-

No domínio da eletrónica, a conversão de energia desempenha um papel crucial na garantia da compatibilidade entre dispositivos que funcionam com diferentes níveis de tensão e corrente. Uma das tarefas de conversão de energia mais comuns é a transformação de corrente alternada (CA) em corrente contínua (CC). Esta conversão é essencial para alimentar dispositivos como smartphones, computadores portáteis e circuitos electrónicos que requerem uma alimentação DC estável.

Corrente alternada (CA): A corrente alternada é um tipo de corrente eléctrica que muda de direção periodicamente. É normalmente utilizada para a transmissão de energia a longas distâncias devido à sua eficiência na redução das perdas de energia.

Corrente contínua (CC): A corrente contínua é um tipo de corrente eléctrica que flui apenas numa direção. É normalmente utilizada para alimentar dispositivos electrónicos e carregar baterias.

Um conversor de CA para CC é um dispositivo eletrónico que converte a tensão CA em tensão CC. Este processo de conversão envolve várias etapas:

- Retificação: A tensão CA é primeiro rectificada utilizando díodos para a converter numa tensão CC pulsante.
- Suavização: A tensão CC pulsante é então suavizada utilizando condensadores para remover qualquer ondulação CA remanescente.
- Regulação: A tensão CC alisada pode ainda variar ligeiramente, pelo que é regulada utilizando reguladores de tensão para manter uma saída CC estável.

Existem vários tipos de conversores CA para CC disponíveis, cada um com as suas próprias caraterísticas e aplicações:

- Reguladores lineares: Os reguladores lineares constituem uma forma simples e económica de converter CA em CC. Utilizam um elemento de passagem em série, como um transístor, para regular a tensão de saída.
- Reguladores de comutação: Os reguladores de comutação são mais eficientes do que os reguladores lineares, mas também são mais complexos. Utilizam um dispositivo de comutação, como um MOSFET ou IGBT, para controlar a tensão de saída.
- Fontes de alimentação comutadas: As fontes de alimentação comutadas são um tipo de conversor de CA para CC que combina um regulador de modo de comutação com um transformador. São altamente eficientes e podem fornecer várias saídas de CC.

Os conversores de CA para CC têm uma vasta gama de aplicações, incluindo:

- Alimentação de dispositivos electrónicos: Os smartphones, computadores portáteis, tablets e outros dispositivos electrónicos utilizam normalmente conversores de CA para CC para converter a energia CA das tomadas de parede na energia CC de que necessitam.

- Carregamento de baterias: Os conversores CA-CC também são utilizados nos carregadores de baterias para converter a energia CA em energia CC para carregar as baterias.
- Aplicações industriais: Os conversores CA para CC são utilizados em várias aplicações industriais, como a alimentação de motores, o controlo de máquinas e o fornecimento de energia CC para sistemas de automação.

Os conversores de CA para CC são componentes essenciais no mundo da eletrónica, permitindo-nos alimentar dispositivos com corrente CC a partir de fontes de alimentação CA. Ao compreender os princípios da conversão CA-CC, podemos conceber e implementar sistemas de alimentação eficientes e fiáveis para uma vasta gama de aplicações.

1.8.2 Conversor de CC para CC-

No domínio da eletrónica, a capacidade de converter a tensão de corrente contínua (CC) de um nível para outro é um requisito fundamental para alimentar vários dispositivos electrónicos. Os conversores de CC para CC desempenham um papel fundamental neste processo, proporcionando um meio versátil e eficiente de conversão de tensão.

Um conversor de CC para CC é um dispositivo elétrico concebido para transformar a tensão CC de um nível para outro. É um tipo de conversor de energia que funciona exclusivamente com energia CC, ao contrário dos conversores CA para CC ou CC para CA. Os conversores CC-CC são normalmente utilizados para fornecer energia a circuitos ou componentes electrónicos que requerem um nível de tensão específico diferente da tensão da fonte disponível.

Os conversores CC-CC existem em vários tipos, cada um com as suas próprias caraterísticas e aplicações. Alguns dos tipos mais utilizados incluem:

- Reguladores lineares: Estes conversores utilizam um regulador de tensão linear para ajustar a tensão de saída, dissipando o excesso de energia sob a forma de calor. Oferecem simplicidade e baixo custo, mas são menos eficientes.
- Reguladores de comutação: Estes conversores utilizam comutação de alta frequência para regular a tensão de saída. São mais eficientes do que os reguladores lineares, mas requerem circuitos mais complexos.

- Bombas de carga: Estes conversores utilizam uma série de condensadores para gerar uma tensão de saída superior ou inferior à de entrada. São frequentemente utilizados para aplicações de baixo consumo.

Os conversores de CC para CC têm uma vasta gama de aplicações, incluindo:

- Alimentação de dispositivos electrónicos: São utilizados para fornecer os níveis de tensão necessários aos dispositivos electrónicos, como smartphones, computadores portáteis e câmaras digitais.
- Carregamento de baterias: São utilizados em carregadores de baterias para converter a energia CA ou CC numa tensão mais baixa para carregar baterias.
- Regulação da tensão: Regulam a tensão de saída das fontes de alimentação para garantir uma alimentação de tensão estável para componentes electrónicos sensíveis.
- Eletrónica automóvel: São utilizados em sistemas automóveis para fornecer níveis de tensão a vários componentes eléctricos, tais como sensores, actuadores e luzes.

Os conversores de CC para CC oferecem várias vantagens, incluindo:

- Tamanho compacto: São normalmente pequenos e leves, o que os torna adequados para aplicações com limitações de espaço.
- Alta eficiência: Os reguladores de comutação podem atingir uma elevada eficiência, reduzindo a perda de energia e prolongando a vida útil da bateria.
- Regulação da tensão: Proporcionam uma regulação precisa da tensão, garantindo uma alimentação estável para componentes electrónicos críticos.
- Versatilidade: Estão disponíveis em vários tipos e configurações para satisfazer requisitos específicos de conversão de tensão.

Os conversores CC-CC são componentes essenciais na eletrónica moderna, proporcionando a capacidade de converter a tensão CC de um nível para outro. Ao compreender os conceitos básicos dos conversores CC-CC, os engenheiros e técnicos podem conceber e implementar eficazmente sistemas de conversão de energia para uma vasta gama de aplicações.

1.8.3 Conversor DC para AC-

No domínio da engenharia eléctrica, a conversão de energia desempenha um papel crucial em várias aplicações. Um requisito de conversão comum é a transformação de corrente contínua (CC) em corrente alternada (CA). Os conversores de CC para CA servem este objetivo, permitindo o fluxo de eletricidade de fontes de CC para dispositivos e sistemas alimentados por CA. Os conversores CC-CA existem em diferentes tipos, cada um deles adequado a aplicações específicas:

- Inversor: O tipo mais comum, um inversor converte a energia CC diretamente em energia CA utilizando dispositivos de comutação de semicondutores, como transístores ou MOSFETs (Transístores de efeito de campo de semicondutores de óxido metálico).
- Conversor rotativo: Uma tecnologia mais antiga, um conversor rotativo emprega um sistema motor-gerador para converter mecanicamente CC em CA.
- Cicloconversor: Um tipo especializado, um cicloconversor gera uma saída CA diretamente a partir de uma fonte CC sem utilizar fases de conversão intermédias.
- Conversor ressonante: Um conversor altamente eficiente, um conversor ressonante utiliza circuitos ressonantes para atingir uma elevada densidade de potência e uma baixa distorção harmónica.

Os conversores de CC para CA encontram aplicações numa vasta gama de áreas, incluindo:

- Energia renovável: Conversão de energia CC gerada por painéis solares ou turbinas eólicas em energia CA para ligação à rede.
- Fontes de alimentação ininterrupta (UPS): Fornecimento de energia CA de reserva a sistemas críticos em caso de falhas de energia.
- Accionamentos industriais: Controlo da velocidade e do binário dos motores CA em aplicações industriais.
- Eletrónica de consumo: Alimentação de dispositivos de CA, como computadores portáteis, televisores e ferramentas eléctricas.

- Veículos eléctricos: Conversão da energia CC armazenada nas baterias em energia CA para motores eléctricos.

A conceção de um conversor CC-CA envolve várias considerações fundamentais:

- Níveis de tensão de entrada e de saída: Correspondência da tensão CC de entrada com as especificações do conversor e com a tensão CA de saída desejada.
- Frequência de saída: Determinação da frequência da saída CA, que é tipicamente de 50 ou 60 Hz para aplicações ligadas à rede.
- Potência nominal: Dimensionamento do conversor para lidar com a potência de saída necessária.
- Eficiência: Otimização da eficiência do conversor para minimizar as perdas de potência e o consumo de energia.
- Distorção harmónica: Assegurar que a forma de onda CA de saída cumpre as normas de distorção harmónica para evitar interferências com outros dispositivos electrónicos.

Os conversores de CC para CA oferecem várias vantagens:

- Versatilidade: Permite a utilização de fontes de alimentação CC para dispositivos alimentados por CA.
- Eficiência: Os conversores modernos atingem uma eficiência elevada, reduzindo as perdas de energia.
- Tamanho compacto: Os designs avançados permitem conversores compactos e leves.
- Fiabilidade: Os designs de estado sólido proporcionam um funcionamento fiável e uma longa vida útil.

Os conversores de CC para CA desempenham um papel vital nos sistemas eléctricos modernos, permitindo a transformação de energia CC em energia CA. Com vários tipos e aplicações, estes conversores proporcionam uma solução versátil e eficiente para alimentar dispositivos de corrente alterna a partir de fontes de corrente contínua. À medida que a tecnologia continua a avançar, os conversores CC-CA tornar-se-ão cada vez mais essenciais na transição para sistemas energéticos sustentáveis e resilientes.

1.9 Controlador PI-

Um controlador proporcional-integral (PI), apresentado na figura 1.4, acciona a instalação a ser controlada com uma soma ponderada do erro (diferença entre a saída real detectada e o ponto de regulação desejado) e o integral desse valor. Uma vantagem de um controlador proporcional mais integral é que o seu termo integral faz com que o erro em estado estacionário seja zero para uma entrada em degrau. A entrada do controlador PI é um sinal de atuação que é a diferença entre Vref e Vin. A saída do bloco do controlador tem a forma de um ângulo δ, que introduz um desfasamento/chumbo adicional nas tensões trifásicas.

A saída do detetor de erros é

= Vref - Vin ----(1)

Vref igual a 1 p.u. de tensão

Tensão Vin em p.u. nos terminais de carga.

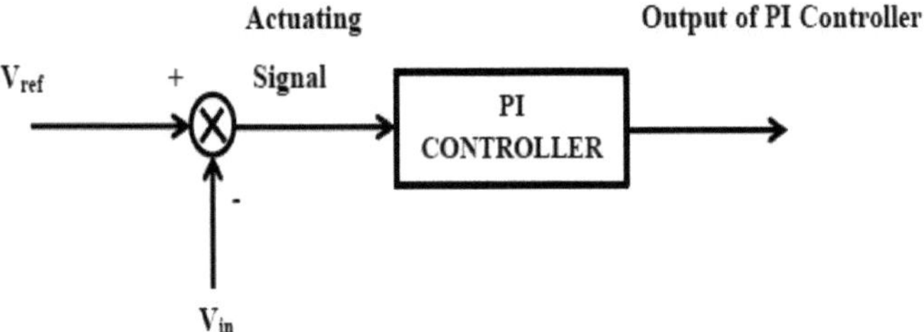

Figura 1.4 - Esquema de um controlador PI típico

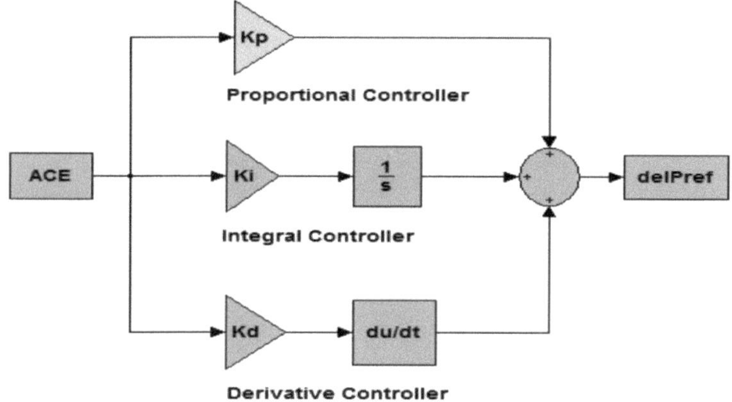

Figura 1.5 - Disposição do controlador PI

1.10 Controlador Fuzzy-

A lógica difusa é uma poderosa ferramenta matemática que permite a representação e a manipulação de informações imprecisas ou incertas. Os controladores fuzzy são sistemas que utilizam a lógica fuzzy para tomar decisões e controlar processos. Ganharam popularidade numa vasta gama de aplicações, desde a eletrónica de consumo à automação industrial.

Os controladores fuzzy funcionam com base no princípio dos conjuntos fuzzy, que são conjuntos com limites graduais em vez de limites nítidos. Cada elemento de um conjunto difuso tem um grau de associação, que representa a medida em que pertence ao conjunto. Os controladores fuzzy utilizam regras fuzzy, que são declarações lógicas que incorporam conjuntos fuzzy.

Os controladores difusos são muito simples em termos conceptuais (Figura 1.6). São constituídos por uma fase de entrada, uma fase de processamento e uma fase de saída. A fase de entrada mapeia os sensores ou outras entradas, tais como interruptores, volantes, etc., para as funções de associação e valores de verdade adequados. O estágio de processamento invoca cada regra apropriada e gera um resultado para cada uma delas, depois combina os resultados das regras. Finalmente, a fase de saída converte o resultado combinado num valor de saída de controlo específico.

A forma mais comum das funções de associação é a triangular, embora também sejam utilizadas curvas trapezoidais e em forma de sino, mas a forma é geralmente menos importante do que o número de curvas e a sua colocação. De três a sete curvas são geralmente adequadas para cobrir a gama necessária de um valor de entrada, ou o "universo de discurso" na gíria difusa.

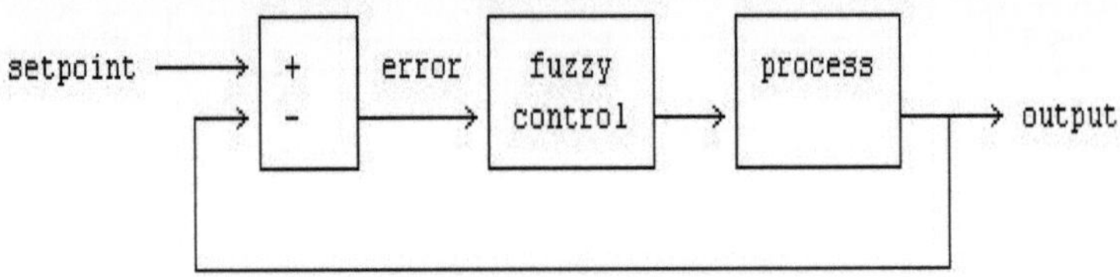

Figura 1.6- Controlador Fuzzy

O Fuzzy Controller é um tipo de gerador de conteúdos de IA que utiliza a lógica difusa para gerar texto. A lógica difusa é uma forma de lógica que lida com a incerteza e a imprecisão, e pode ser utilizada para representar o conhecimento de uma forma mais humana do que a lógica tradicional. Isto torna os controladores difusos ideais para gerar texto natural e informativo. Eis algumas das vantagens da utilização do controlador difuso:

- Pode gerar texto numa variedade de estilos, incluindo linguagem natural, linguagem técnica e texto de marketing.

- Pode ser utilizado para gerar texto para uma variedade de fins, tais como artigos, publicações em blogues, conteúdos de sítios Web e materiais de marketing.

- É fácil de utilizar e pode ser integrado com uma variedade de outras ferramentas de IA. Se está à procura de um gerador de conteúdos de IA que o ajude a criar texto de alta qualidade e semelhante ao humano, o Fuzzy Controller é uma óptima opção.

O controlador difuso é um tipo de sistema de controlo que utiliza a lógica difusa. A lógica difusa é uma forma de lógica que se baseia no conceito de conjuntos difusos. Os conjuntos difusos são conjuntos com elementos que têm um grau de pertença ao conjunto. Este grau de associação é representado por um valor entre 0 e 1. Os controladores difusos são utilizados para controlar sistemas complexos e difíceis de modelizar. Os controladores difusos podem ser utilizados para controlar sistemas não lineares, variáveis no tempo e incertos. Os controladores difusos são também utilizados para controlar sistemas com um elevado grau de incerteza. Controladores difusos são uma ferramenta poderosa para controlar sistemas complexos. Os controladores difusos podem ser utilizados para controlar sistemas que são difíceis de modelizar e que têm um elevado grau de incerteza.

1.11 Redes Neuronais Artificiais-

As Redes Neuronais Artificiais contêm neurónios artificiais que são designados por unidades. Estas unidades estão dispostas numa série de camadas que, no seu conjunto, constituem toda a rede neuronal artificial de um sistema. Uma camada pode ter apenas uma dúzia de unidades ou milhões de unidades, pois isso depende de como as redes neuronais complexas serão necessárias para aprender os padrões ocultos no conjunto de dados. Normalmente, a rede neuronal artificial (Figura 1.7) tem uma camada de entrada, uma camada de saída e camadas ocultas. A camada de entrada recebe dados do mundo exterior que a rede neuronal precisa de analisar ou aprender. Em seguida, esses dados passam por uma ou várias camadas ocultas que transformam a entrada em dados valiosos para a camada de saída. Finalmente, a camada de saída fornece uma saída sob a forma de uma resposta das redes neuronais artificiais aos dados de entrada fornecidos.

Na maioria das redes neuronais, as unidades estão interligadas de uma camada para outra. Cada uma destas ligações tem pesos que determinam a influência de uma unidade noutra unidade. À medida que os dados são transferidos de uma unidade para outra, a rede neuronal aprende cada vez mais sobre os dados, o que acaba por resultar numa saída da camada de saída.

As estruturas e operações dos neurónios humanos servem de base às redes neuronais artificiais. São também conhecidas como redes neuronais ou redes neurais. A camada de entrada de uma rede neuronal artificial é a primeira camada, que recebe dados de fontes externas e os transmite à camada oculta, que é a segunda camada. Na camada oculta, cada neurónio recebe a entrada dos neurónios da camada anterior, calcula a soma ponderada e envia-a para os neurónios da camada seguinte. Estas ligações são ponderadas, o que significa que os efeitos das entradas da camada anterior são mais ou menos optimizados através da atribuição de pesos diferentes a cada entrada e são ajustados durante o processo de formação através da otimização destes pesos para melhorar o desempenho do modelo.

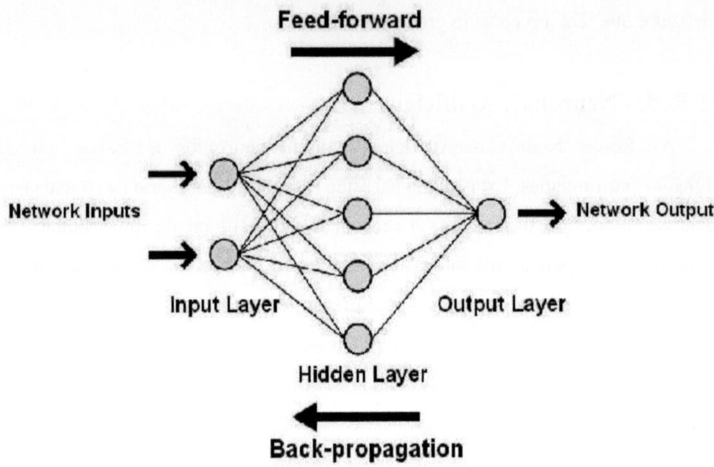

Figura 1.7 - Estrutura da RNA

CAPÍTULO 2 - INQUÉRITO BIBLIOGRÁFICO

2.1 Pesquisa bibliográfica

Existem vários trabalhos de investigação sobre a estimação de distorções harmónicas na literatura. Por exemplo, as soluções clássicas baseadas na análise do sistema de energia, como a estimativa da impedância harmónica, o fluxo de potência ativa e reactiva dos harmónicos, a medição da impedância crítica e a abordagem estocástica para a estimativa dos harmónicos. Algumas publicações recentes também tentaram resolver o problema da estimativa das distorções harmónicas. No entanto, estes métodos requerem conhecimentos prévios sobre os componentes do sistema para obter modelos harmónicos precisos e configurações de rede para calcular com precisão as distorções harmónicas.

- **Woodley N.H. (1999) *et al.* "Experience with an Inverter-Based Dynamic Voltage Restorer"**

Neste artigo, apresentaram a sua experiência de instalação do protótipo de compensador série, a que chamaram DVR, no sistema elétrico existente. Neste artigo, foi descrito um esquema de controlo de bypass para proteger a eletrónica de potência da corrente de carga e da corrente de defeito. Quando ocorre uma avaria no sistema de transmissão, a perturbação harmónica é imposta em afundamentos ou ondulações de tensão. Estas harmónicas podem ser prejudiciais para a carga dos clientes e podem afetar o hardware do DVR e/ou a precisão do controlo do inversor.

- **Chang C.S. (2000) *et al.* "The Influence of Motor Loads on the Voltage Restoration Capability of the Dynamic Voltage Restorer" (A influência das cargas do motor na capacidade de restabelecimento da tensão do restabelecedor dinâmico de tensão)**

Neste artigo, os autores apresentaram o desempenho de dispositivos de atenuação dos afundamentos de tensão, tais como o restaurador dinâmico de tensão (DVR), num ambiente elétrico altamente simplificado, constituído por modelos simples de linhas e cargas. As influências negativas das cargas dinâmicas dos motores nas perturbações de tensão existentes, como os afundamentos pós-falta, os desvios angulares de fase adicionais durante a falta, as flutuações de tensão durante a falta e pós-falta, têm passado frequentemente despercebidas.

- **Zhan Changjiang (2001) *et al.* "Restaurador de tensão dinâmico baseado no controlo SVPWM de tensão**

Neste trabalho, foi apresentada uma estratégia de compensação baseada no algoritmo SPLL (Software Phase-Locked Loop) para o DVR, que foi aplicada para a compensação dinâmica de desfasamentos de tensão com um salto de fase. Neste trabalho, um controlo do inversor PWM do DVR adoptou um método SVPWM convencional para a utilização máxima da tensão do elo CC suportada pelas baterias de chumbo-ácido.

- **Godsk Nielsen John (2001)** ***et al.*** **"Control Strategies for Dynamic Voltage Restorer Compensating Voltage Sags with Phase Jump" (Estratégias de controlo para o restabelecedor de tensão dinâmico que compensa os desfasamentos de tensão com saltos de fase)**

Neste artigo, foram apresentadas diferentes estratégias de controlo para o restaurador de tensão dinâmico, com ênfase na compensação dos desfasamentos de tensão com salto de fase. Foram propostos e comparados diferentes métodos de controlo para compensar os desfasamentos de tensão com salto de fase. Dois métodos de controlo promissores foram testados e realizados com simulações e, finalmente, testados num reparador de tensão dinâmico de 10 kVA em laboratório. Ambos os métodos podem ser utilizados para reduzir as perturbações da tensão de carga causadas por desfasamentos de tensão com salto de fase. Um método compensou completamente o salto de fase, o que constituiu a melhor solução para cargas muito sensíveis.

- **Sumathi, S., Kumar, L. A. & Surekha, P.** ***Sistemas de conversão de energia solar fotovoltaica e eólica: An Introduction to Theory, Modeling with MATLAB/SIMULINK, and the Role of Soft Computing Techniques*** **Vol. 1 (Springer, 2015).**

Nos últimos anos, as emissões de fontes de energia não renováveis contribuíram significativamente para o aquecimento global. Consequentemente, as indústrias e os governos estão a investigar ativamente fontes de energia alternativas para mitigar estes efeitos ambientais negativos. As fontes de energia não convencionais, muitas vezes conhecidas como fontes de energia alternativas, referem-se a formas de energia distintas dos combustíveis fósseis tradicionais, como o carvão, o petróleo e o gás natural. De acordo com Sumathi (2015), a energia eólica e a energia solar emergiram como elementos indispensáveis no domínio da produção de energia, particularmente tendo em conta o esgotamento dos recursos de combustíveis fósseis.

As energias eólica e solar oferecem vantagens significativas, como a tolerância ambiental e a disponibilidade abundante, entre as fontes de energia alternativas.

- **Sandhu, K. S. & Mahesh, A. Optimal sizing of PV/wind/battery hybrid renewable energy system considering demand side management. *Int. J. Electr. Eng. Inform***

As tecnologias de produção de eletricidade a partir de fontes de energia não convencionais desempenham um papel crucial no avanço do conhecimento das energias renováveis e na redução da dependência dos combustíveis fósseis. A biomassa, a energia geotérmica, a energia oceânica, a micro-hídrica, a energia das marés, a energia eólica e a energia solar são algumas das tecnologias de produção de eletricidade disponíveis. No entanto, os recursos eólicos e solares são favorecidos devido à sua abundância e adaptabilidade a uma variedade de condições e locais, mesmo em áreas remotas onde a construção de linhas de transmissão é difícil por Sandhu et al (2018). Embora esses recursos estejam a melhorar de várias maneiras, eles têm certas limitações, como um comportamento que varia continuamente em resposta a mudanças nas condições ecológicas. Apesar dos seus benefícios, a energia eólica e a energia solar têm inconvenientes, predominantemente devido à sua variabilidade inerente em resposta às alterações das condições ambientais. Esta variação pode resultar em flutuações de potência e na incapacidade de satisfazer a procura de carga, reduzindo a eficiência global do sistema.

- **Liu, Y. & Jiang, C. A review on technologies and methods of mitigating impacts of large-scale intermittent renewable generations on power system. *Res. J. Appl. Sci. Eng. Technol***

Além disso, depender apenas destes recursos pode resultar em projectos de sistemas excessivos e dispendiosos. É crucial integrar as fontes de energia eólica e solar com projectos de sistemas adequados, a fim de superar as dificuldades causadas pelo comportamento flutuante destas fontes de energia. Ao implementar uma disposição adequada do sistema, é possível resolver a complexidade causada pelo comportamento continuamente variável destas fontes de energia por Liu et al(2013) , e esta configuração pode compensar a desvantagem de uma única fonte fazendo uso da força de fontes adicionais. Consequentemente, um sistema híbrido que combine energia solar e eólica com um sistema de armazenamento de baterias pode ser visto como uma escolha viável, especialmente em países como a Índia, onde as questões ambientais são cruciais para o desenvolvimento económico.

- **Khare, V., Nema, S. & Baredar, P. Status of solar wind renewable energy in India. *Renew. Sustain. Energy***

Numerosos sistemas híbridos de energia apresentam uma opção viável para mitigar a imprevisibilidade persistente associada a diferentes fontes de energia renováveis, produzindo assim um fornecimento de eletricidade mais consistente e fiável. A utilização do armazenamento de energia permite armazenar a energia excedente gerada durante os períodos de abundância de recursos, facilitando a sua utilização subsequente durante os períodos de falta de recursos. Esta melhoria contribui para a estabilidade global do sistema e facilita a satisfação consistente da procura, segundo Khare et al (2013). Assim, a utilização de sistemas híbridos baseados na energia eólica e solar, integrados com o armazenamento em baterias, é uma solução viável para enfrentar os desafios inerentes à natureza intermitente destas fontes de energia renováveis. Ao integrar múltiplas fontes e ao incorporar o armazenamento de energia, estes sistemas podem proporcionar um fornecimento de energia fiável e contínuo, tendo em conta os impactos ambientais, com vista a um desenvolvimento económico sustentável, especialmente em países como a Índia.

- **Moradi, J. Yaghoobi, F. Zare e D. Kumar, Analysis of 0-9 kHz current harmonics in a three-phase power converter under unbalanced-load conditions, *IEEE Access*, vol. 9, pp. 161862-161876, 2021.**

Um método analítico para estimar os harmónicos de corrente de um DEA no elo CC do lado do inversor é proposto por Moradi et al(2021). Neste artigo, foram analisados os impactos das cargas desequilibradas e dos factores de potência nos harmónicos de corrente para a gama de frequências entre 0-9 kHz. Além disso, foi desenvolvida uma nova modelação matemática para as ordens de harmónicas de corrente que são afectadas pela corrente de sequência negativa. Outra contribuição deste trabalho é a identificação dos harmónicos de corrente de 2-9 kHz produzidos pelo ASD devido à modulação PWM. Estes harmónicos de corrente estão entre os tópicos importantes em consideração para a norma IEC SC77A. Os efeitos das correntes de sequência positiva e negativa nos harmónicos de corrente do lado do inversor numa gama de frequência de 2-9 kHz também são estimados. Isto pode simplificar a determinação dos harmónicos de corrente sobre o barramento DC do ASD, considerando a condição de carga desequilibrada, para as empresas fabricantes de variadores.

- **Moradi, J. Yaghoobi e F. Zare, Um modelo preciso da corrente de ligação CC em variadores de velocidade ajustáveis para a análise harmónica de redes eléctricas, *IEEE Access*, vol. 10, pp. 45663-45676, 2022.**

Apresentam o desenvolvimento de um novo modelo matemático para a estimativa dos harmónicos de corrente do lado do inversor que fluem através do elo de corrente contínua num ASD, considerando os impactos dos harmónicos de tensão. Ao determinar os harmónicos de corrente no lado da carga do ASD, este modelo é implementado considerando um modelo preciso das ondulações de tensão no elo CC. Além disso, os harmónicos de corrente do lado da rede podem ser estimados para aplicações de conceção de filtros utilizando os harmónicos de corrente estimados do lado do inversor. É importante notar que, dependendo dos componentes harmónicos, a frequência dos harmónicos de corrente do lado do inversor pode ser dividida em várias categorias. Uma delas inclui partes relacionadas com a frequência fundamental da tensão do lado da carga, a frequência de comutação do inversor de retaguarda, e os harmónicos da tensão do elo CC, enquanto a outra categoria inclui apenas os harmónicos das ondulações na tensão do elo CC.

- **Zhou, O. Ardakanian, H.-T. Zhang e Y. Yuan, Estimativa do estado harmónico baseada na aprendizagem Bayesiana em sistemas de distribuição com contadores inteligentes e dados DPMU, *IEEE Trans. Smart Grid*,**

Abordam este problema melhorando a precisão da HSE em redes de distribuição trifásicas desequilibradas através da aprendizagem da matriz de medição a partir de dados de contadores inteligentes. Este artigo investiga os desafios da determinação da propagação de tensões harmónicas em sistemas de distribuição de energia trifásica desequilibrada. Neste estudo, através da utilização de dados de contadores inteligentes, é fornecida uma estratégia orientada por dados para HSE que lida com a matriz de medição incerta. Além disso, para redes que não podem ser completamente observadas, sugere-se um estimador baseado em aprendizagem bayesiana esparsa (SBL) para encontrar as fontes harmónicas e estimar as tensões com um número muito menor de unidades de medição de fasores ao nível da distribuição (DPMUs) do que os nós de distribuição. Além disso, através de simulações aprofundadas, é demonstrado que uma PV ligada à rede de distribuição principal não tem efeitos prejudiciais na eficácia do estimador de estado sugerido. Em resumo, o

HSE é formulado como um sistema linear paramétrico intervalar de equações baseado no critério dos mínimos quadrados ponderados (WLS). A questão do HSE de um sistema de energia cujos parâmetros de rede são conhecidos por estarem dentro de limites de tolerância específicos é abordada nesta pesquisa. Os números de intervalo que indicam o limite exterior das variáveis de estado são utilizados para ilustrar as soluções. Além disso, é proposta uma técnica para modificar o peso no WLS para considerar parâmetros de rede incertos. Os limites calculados das variáveis de estado previstas, tanto da parte real como da parte imaginária, são mostrados por experiências numéricas para englobar os limites estimados produzidos pelas simulações de Monte Carlo. Esta informação sobre os limites das variáveis de estado mostra o nível de tensão harmónica que existe no sistema de energia quando há incerteza de parâmetros. Quando se trabalha com dispositivos relacionados com harmónicas, por exemplo, filtros de harmónicas, esta informação é útil. Também dá aos operadores de rede a garantia de que o valor real não excede as restrições do sistema.

- **C. Rakpenthai, S. Uatrongjit, N. R. Watson e S. Premrudeepreechacharn, On harmonic state estimation of power system with uncertain network parameters, *IEEE Trans. Power Syst*,**

Apresentaram o Controlo PI Adaptativo de um Restaurador Dinâmico de Tensão utilizando a Lógica Difusa. O controlador PI era muito comum no controlo de DVRs. No entanto, uma das desvantagens do controlador convencional era o facto de, ao utilizar ganhos fixos, o controlador poder não fornecer o desempenho de controlo necessário, quando havia variações nos parâmetros do sistema ou nas condições de funcionamento. Para ultrapassar este problema, foi proposto um controlador PI adaptativo que utiliza lógica difusa. Os resultados da simulação provaram que o método de controlo proposto melhorou consideravelmente o desempenho do DVR em comparação com o controlador PI convencional.

- **Zhou, O. Ardakanian, H.-T. Zhang e Y. Yuan, Estimativa do estado harmónico baseada na aprendizagem Bayesiana em sistemas de distribuição com contadores inteligentes e dados DPMU, *IEEE Trans. Smart Grid***

Para o diagnóstico de defeitos em transformadores, Zou (2020) propõe uma nova rede neural polinomial (PNN) de entradas e saídas múltiplas. Os cinco tipos de gás caraterístico que correspondem às quatro categorias de falhas dos dados de amostra são utilizados para treinar e produzir um modelo de classificação PNNI de saída única.

Em seguida, existe um modelo para a deteção de defeitos de transformadores com base em múltiplas saídas, PNN II, que foi concebido para detetar os tipos de defeitos de descarga de alta energia, descarga de baixa energia e aquecimento térmico. Os resultados das simulações e dos testes demonstram que a exatidão pode atingir 100%. Os traços de resposta em frequência do enrolamento testado foram analisados utilizando redes neurais convolucionais (CNN)

- **Moradzadeh, A.; Pourhossein, K. Location of Disk Space Variations in Transformer Winding using Convolutional NeuralNetworks.**

O método proposto por Moradzadeh et al (2018) demonstrou ser capaz de localizar com precisão as falhas. Para detetar a localização de DSV no enrolamento do transformador, foram utilizadas redes neurais convolucionais para extrair informações importantes dos traços de resposta em frequência. A localização de todas as falhas DSV aplicadas no enrolamento do transformador foi identificada com 100% de precisão.

- **Chen, S.; Ge, H.; Li, H.; Sun, Y.; Qian, X. Redes neurais de convolução profunda hierárquicas baseadas na aprendizagem por transferência para o diagnóstico de avarias em unidades de correção de transformadores. Measurement 2020,**

A rede neural de convolução de séries temporais discretas (DTCNN) é construída. O desempenho da HDCNN foi verificado. As condições de um conjunto de dados de origem adequado para o diagnóstico de avarias da TRU, bem como as camadas de transferência da HDCNN pré-treinada, são discutidas nesta base. A comparação da aprendizagem por transferência com outros algoritmos em várias condições de ruído mostra que se trata de uma técnica eficaz para construir uma rede de diagnóstico para equipamentos semelhantes e que pode frequentemente conduzir a um desempenho superior.

- **C.F. Nascimento, A.A. Oliveira, A. Goedtel, A.B. Dietrich. Monitoramento de distorção harmônica para cargas não lineares utilizando o método de redes neurais, Appl Soft Comput,**

A abordagem proposta baseou-se apenas nos sinais de tensão e corrente distorcidos medidos e considerou várias cargas não lineares invariantes no tempo. Um método semelhante considerando múltiplas RNA para cada componente harmónica com conhecimento prévio das especificações da carga não linear para estimar as distorções harmónicas através de coeficientes equivalentes foi desenvolvido por

Nascimento et al(2013). Um método baseado no sistema de rede neural Nonlinear Auto-Regressive eXogenous (NARX) foi desenvolvido para a estimação das distorções harmónicas de potência. No entanto, estas abordagens propostas não capturam as variações na carga não linear sob a estimativa, o que pode resultar num desempenho harmónico diferente, e assim podem levar a uma previsão imprecisa das distorções harmónicas para diferentes condições de funcionamento na fase de previsão.

- **Thamer A.H. Alghamdi, Fatih Anayi, Michael Packianather, Um estimador de distorções harmónicas baseado numa rede neural artificial para aplicações baseadas em conversores de potência ligados à rede. Jornal de Engenharia de Ain Shams,**

Prevê-se que os sistemas solares fotovoltaicos (PV) ligados à rede causem distorções harmónicas significativas nas redes eléctricas actuais devido ao aumento da utilização de sistemas de conversão de energia amplamente reconhecidos como fontes de harmónicas. Estimar as emissões harmónicas reais de uma determinada fonte de harmónicas pode ser uma tarefa difícil, especialmente com múltiplas fontes de harmónicas ligadas, alterações na impedância caraterística do sistema e a natureza intermitente dos recursos renováveis. Neste documento, é proposto um método baseado num sistema de Rede Neuronal Artificial (RNA) que inclui os dados específicos do local para estimar as distorções harmónicas reais de um inversor solar fotovoltaico. Um sistema de energia simples é modelado e simulado para diferentes casos para treinar o sistema ANN e melhorar o seu desempenho de previsão. O método é validado no alimentador de teste IEEE de 34 barramentos com fontes harmónicas estabelecidas, tendo estimado os componentes harmónicos individuais com um erro máximo inferior a 10% e uma mediana máxima de 5,4%.

- **Ravi, T., Kumar, K.S., Dhanamjayulu, C. *et al.* Análise e atenuação de perturbações PQ em sistemas ligados à rede utilizando IUPQC baseado em lógica difusa. *Sci***

Uma variedade de dispositivos de energia personalizados, como os restauradores dinâmicos de tensão (DVR), os compensadores síncronos estáticos (STATCOM), os filtros activos de potência (APF) e os condicionadores unificados da qualidade da energia (UPQC), ganharam popularidade em resposta a estes desafios. Entre os vários desafios, as perturbações da qualidade da energia, incluindo a queda de tensão, a ondulação, a corrente e os harmónicos, colocam problemas significativos.

Para lidar com estas perturbações, este trabalho apresenta uma nova abordagem que utiliza a lógica difusa (FL) para desenvolver condicionadores de qualidade de energia unificados entre linhas múltiplas (MF-IUPQCs). O MF-IUPQC tem três pernas e três níveis, cada um dos quais com quatro inversores com pinça de díodo. A comutação é efectuada através da utilização de modulação de largura/duração de impulsos de vetor espacial (SVPWM). A distorção harmónica total (THD) induzida por cargas não lineares é reduzida pelo MF-IUPQC baseado em FLC, que também melhora o desempenho dinâmico e oferece uma tensão de ligação CC suave. O mecanismo de controlo proposto é implementado utilizando o MATLAB/Simulink. O controlador baseado em fuzzy é comparado com o controlador proporcional-integral (PI) padrão da indústria para determinar a sua eficácia. Entre eles, o MF-IUPQC baseado em FLC fornece o perfil de tensão mais suave e o THD mais baixo.

2.2 Declaração do problema

A oscilação de alta frequência (HFO) é fácil de ocorrer num sistema de distribuição flexível de corrente contínua, devido à influência da interação de múltiplas ligações de controlo à escala temporal e circuitos físicos. A oscilação de alta frequência (HFO) e a oscilação de baixa frequência (LFO) têm sido causadas devido à abundância de componentes electrónicos utilizados no sistema de distribuição flexível de corrente contínua. Num sistema de energia com uma forte interação mútua de dispositivos electrónicos de potência, é provável que ocorram problemas de estabilidade como a oscilação de alta frequência. A razão essencial da oscilação de alta frequência é que a impedância de saída capacitiva do inversor PWM da fonte não corresponde à impedância de saída indutiva do retificador PWM da carga em áreas de alta frequência.

Em vez do controlador Fuzzy ou do controlador PI, a abordagem ANN é a mais adequada para a atenuação das altas frequências. Devido à sua capacidade de aprendizagem, previsão e identificação, os investigadores recorreram a tecnologias de Inteligência Artificial para a estimativa de harmónicas em redes de distribuição. Embora os parâmetros do sistema de energia (modelo de impedância/admitância) e muitos monitores de harmónicas sejam pré-requisitos para os métodos tradicionais de estimação de harmónicas, utilizando a Inteligência Artificial, estes requisitos são minimizados.

2.3 Objetivo

Este estudo tem os seguintes objectivos

- Estudo de um sistema baseado num controlador difuso
- Preparar um sistema baseado numa Rede Neuronal Artificial
- Compare os dois sistemas para obter melhores resultados.
- Tempo vs. Amplitude após o estudo de atenuação para a abordagem baseada em RNA.

O principal objetivo deste projeto é o mecanismo de HFO e a mitigação da oscilação de alta frequência no sistema de distribuição de energia moderno utilizando o controlador ANN. A análise de sensibilidade foi utilizada para obter um sistema de segunda ordem para a análise do mecanismo.

"Atenuação da oscilação de alta frequência no sistema de distribuição de energia moderno utilizando o controlador ANN"
Esta secção inclui o estudo de oscilações de alta frequência, sistema HVDC, conversor CC/CA, conversor CC/CC, etc.

- MODELAGEM E SIMULAÇÃO de um sistema de distribuição DC flexível
- Modelação de redes neuronais artificiais

Sub-objectivos.

1. Estudo do conceito fundamental de sistema elétrico de potência no que respeita aos tipos de oscilação, causas, efeitos e respectiva técnica de mitigação.
2. Modelação e projeto de um sistema de distribuição com HFO utilizando um controlador PI.
3. Modelação e conceção do sistema de distribuição com HFO utilizando o controlador ANN
4. Comparação entre o controlador PI e as redes neuronais artificiais

CAPÍTULO 3- MÉTODOS CONVENCIONAIS UTILIZADOS PARA A ATENUAÇÃO

3.1 Modelos de simulação anteriores -

O controlador PI é utilizado para fins de controlo.

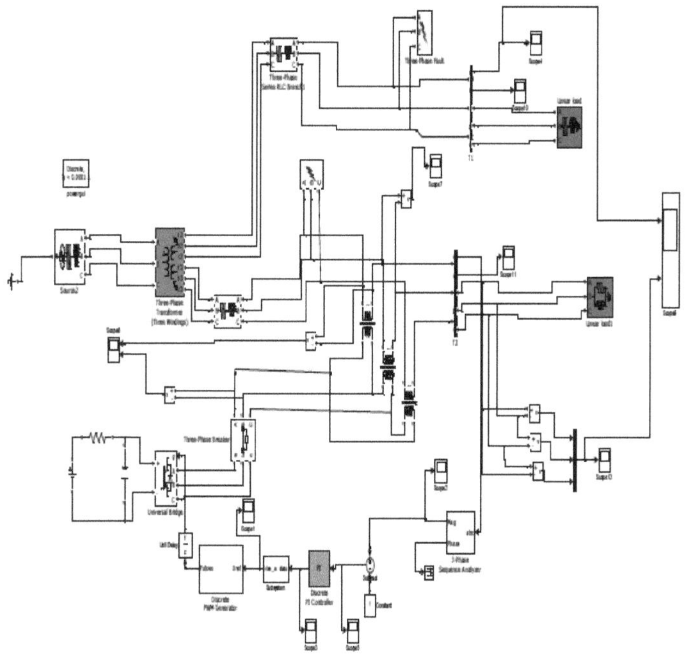

Figura 3.1 - Modelo do controlador PI

A Figura 3.1 mostra o método de atenuação proposto anteriormente utilizando o controlador PI. É implementado utilizando o MATLAB.

O controlador FUZZY LOGIC é utilizado para fins de controlo.

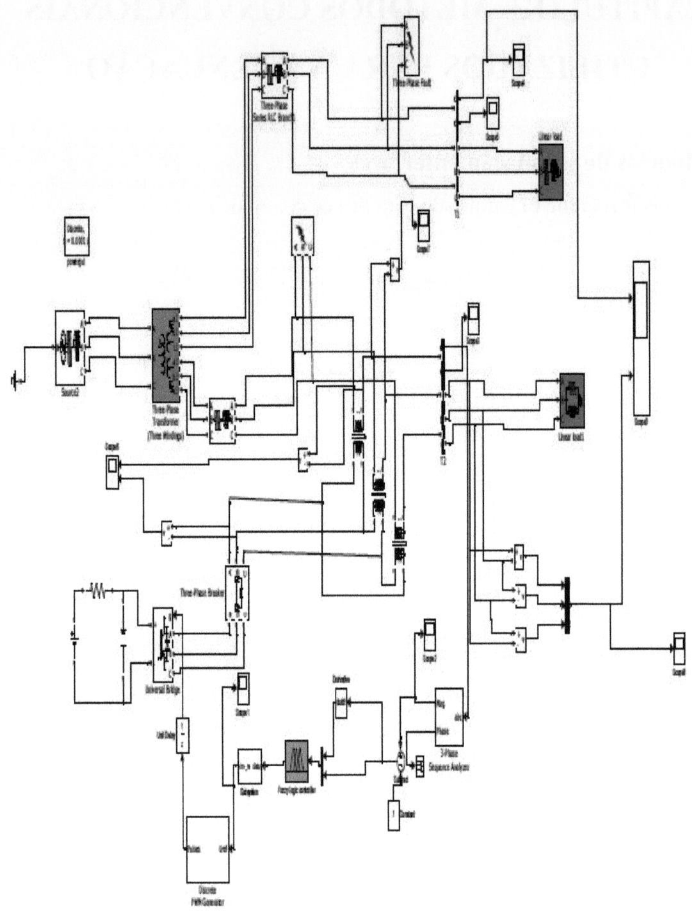

Figura 3.2 - Modelo baseado em controlador fuzzy

A Figura 3.2 mostra o método de atenuação proposto anteriormente utilizando o controlador Fuzzy. É implementado utilizando o MATLAB.

3.2 Resultados da simulação de métodos anteriores-

Aqui são efectuadas simulações no sistema de teste DVR utilizando MATLAB/SIMULINK. O desempenho do sistema é analisado para compensar a tensão da carga em redes de distribuição. As respostas dos diferentes modelos são apresentadas de seguida:

Controlador PI-

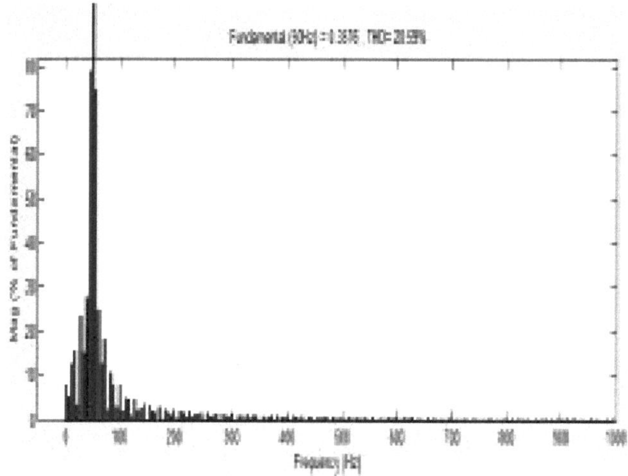

Figura 3.3- Espectro de frequência sem compensação

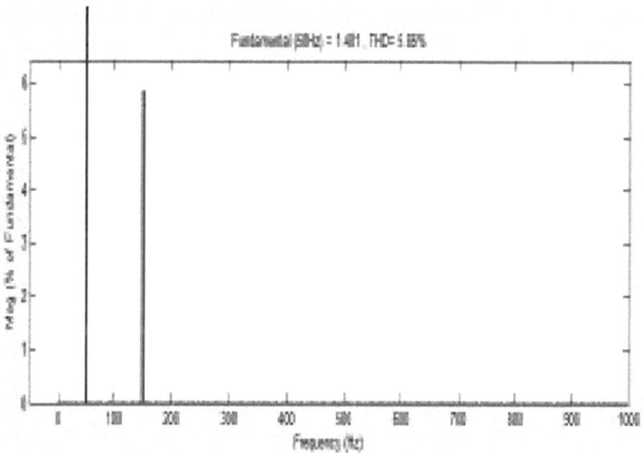

Figura 3.4 - Espectro de frequência com compensação (controlador PI)

Controlador Fuzzy-

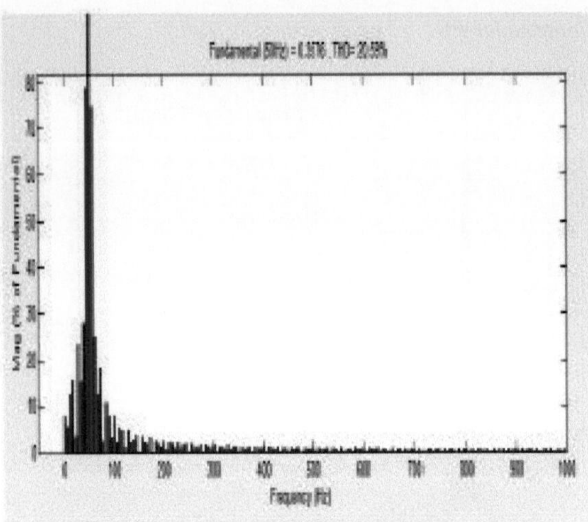

Figura 3.5 - Espectro de frequência sem compensação

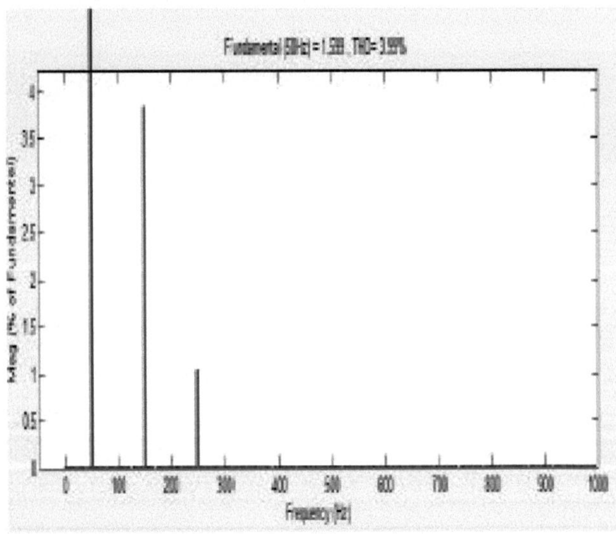

Figura 3.6 - Espectro de frequência com compensação (Controlador Fuzzy)

3.3 Problemas nos sistemas baseados em controladores PI e Fuzzy

Como se pode ver nas figuras 3.4 e 3.6, os componentes de alta frequência não são completamente removidos pelos sistemas baseados no controlador PI e no controlador Fuzzy, respetivamente. Estes componentes não são necessários em nenhum sistema de alimentação. Este facto degrada o desempenho do sistema. Por isso, é necessário um sistema especializado que elimine totalmente os componentes de alta frequência. O bom funcionamento do sistema é uma exigência de qualquer sistema de distribuição. Assim, a atenuação dos componentes de alta frequência não é possível com os controladores PI e Fuzzy.

Inicialmente, decidi trabalhar com um controlador Fuzzy, mas o resultado do sistema não é suave e a alta frequência não é atenuada. Por isso, vou trabalhar com um sistema baseado numa Rede Neural Artificial.

CAPÍTULO 4- METODOLOGIA PROPOSTA

4.1 Rede Neural Artificial (RNA)

Para compreender o conceito de arquitetura de uma rede neuronal artificial, é necessário compreender em que consiste uma rede neuronal. Para definir uma rede neuronal, esta é constituída por um grande número de neurónios artificiais, que são designados por unidades dispostas numa sequência de camadas. Vejamos os vários tipos de camadas disponíveis numa rede neuronal artificial.

A Rede Neuronal Artificial é constituída essencialmente por três camadas:

Camada de entrada:

Como o nome sugere, aceita entradas em vários formatos diferentes fornecidos pelo programador.

Camada oculta:

A camada oculta situa-se entre as camadas de entrada e de saída. Efectua todos os cálculos para encontrar caraterísticas e padrões ocultos.

Camada de saída:

A entrada passa por uma série de transformações usando a camada oculta, que finalmente resulta na saída que é transmitida usando esta camada.

A rede neuronal artificial recebe os dados de entrada e calcula a soma ponderada dos dados de entrada, incluindo uma polarização. Este cálculo é representado sob a forma de uma função de transferência.

$$\sum_{i=1}^{n} Wi * Xi + b$$

-- (2)

Determina o total ponderado que é passado como entrada para uma função de ativação para produzir a saída. As funções de ativação escolhem se um nó deve ser ativado ou não. Apenas aqueles que são activados chegam à camada de saída. Existem diferentes funções de ativação disponíveis que podem ser aplicadas de acordo com o tipo de tarefa que estamos a realizar.

4.2 Método proposto com RNA-

O sistema proposto inclui três partes principais.

1. AC para DC
2. DC para DC
3. DC para AC

O controlo destas fases efectuado utilizando a RNA como controlador.

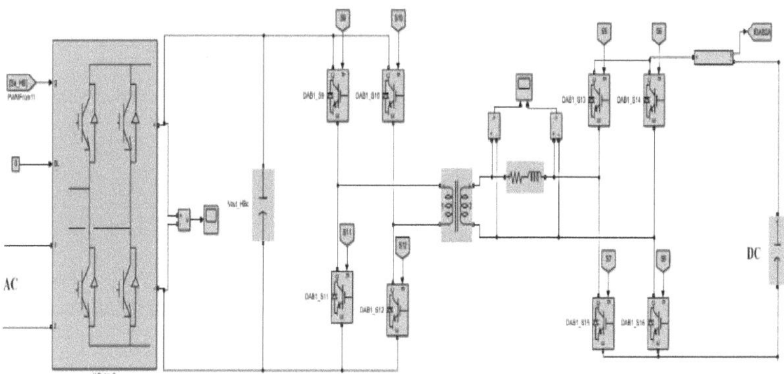

Figura 4.1- Conversão de CA para CC

A conversão de corrente alternada (CA) em corrente contínua (CC) é um processo fundamental em eletrónica, crucial para várias aplicações, desde fontes de alimentação a sistemas de energia renovável. Os métodos tradicionais envolvem a utilização de rectificadores, que podem ser volumosos e ineficientes. No entanto, com os avanços na aprendizagem automática, nomeadamente nas redes neuronais artificiais (RNA), existe a oportunidade de explorar soluções mais eficientes e potencialmente compactas para a conversão de corrente alternada em corrente contínua, como mostra a Figura 4.1.

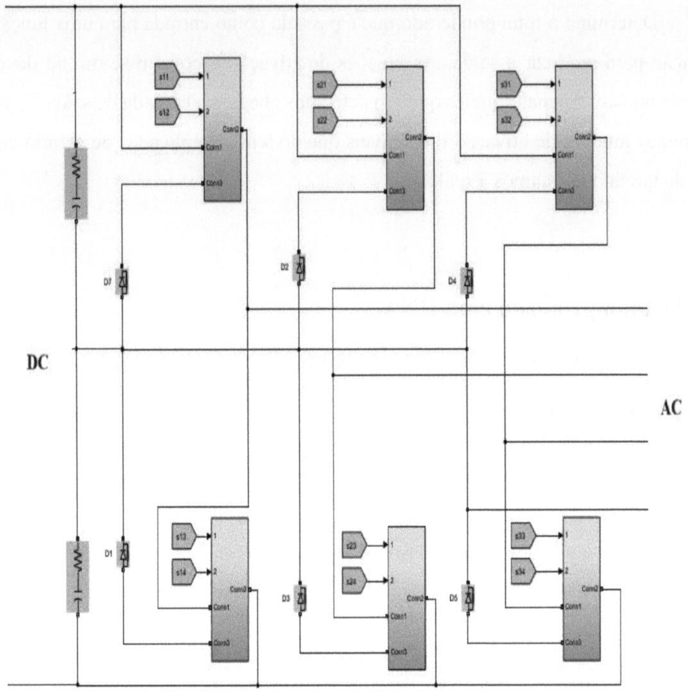

Figura 4.2- Conversão de CC para CA

A conversão de corrente contínua (CC) em corrente alternada (CA) é um processo vital em várias aplicações, incluindo sistemas de energias renováveis, carregamento de veículos eléctricos e inversores ligados à rede. Tradicionalmente, esta conversão é conseguida utilizando técnicas de modulação por largura de impulso (PWM) ou inversores multinível. No entanto, com os avanços na aprendizagem automática, nomeadamente nas redes neuronais artificiais (RNA), existe a oportunidade de explorar soluções mais eficientes e potencialmente compactas para a conversão de corrente contínua em corrente alternada, como mostra a Figura 4.2

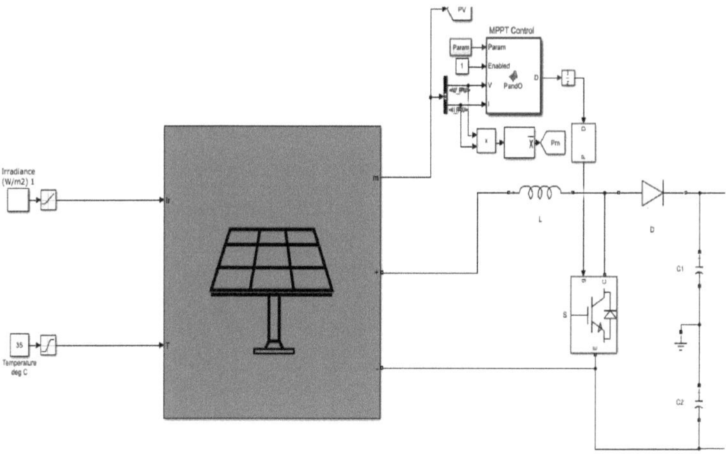

Figura 4.3- Painel solar com controlador MPPT

O seguimento do ponto de potência máxima (MPPT) é uma tecnologia crucial utilizada em sistemas solares fotovoltaicos (PV) para garantir a extração máxima de energia dos painéis solares em condições ambientais variáveis (Figura 4.3). Perturbar e observar (P&O) é um dos algoritmos MPPT mais utilizados devido à sua simplicidade e eficácia. Nesta explicação, descreverei os princípios subjacentes aos painéis solares, ao MPPT e, especificamente, ao algoritmo Perturb and Observe, destacando o seu funcionamento e importância na maximização da eficiência da conversão de energia solar. O P&O é um algoritmo MPPT popular amplamente utilizado em sistemas solares fotovoltaicos devido à sua simplicidade e eficácia. O algoritmo P&O funciona com base no princípio de perturbar (alterar) a tensão ou a corrente de funcionamento do painel solar e observar a alteração resultante na potência de saída. Com base nesta observação, o algoritmo ajusta o ponto de funcionamento para se aproximar ponto de potência máxima

A estimativa em tempo real de harmónicos moderadamente variáveis no tempo de sinais de tensão/corrente é apresentada como um método rápido e preciso. A metodologia sugerida baseia-se na técnica de invariância rotacional assistida por Redes Neuronais Artificiais (RNA) para a estimativa de parâmetros de sinais. A RNA lida com sinais variáveis no tempo de forma mais precisa, ao mesmo tempo que fornece estimativas rápidas dos harmónicos proeminentes. O método proposto pode estimar com precisão os harmónicos principais dos sinais quando o tempo está a variar. A técnica sugerida também utiliza a ideia de aprendizagem em tempo para tirar partido das capacidades de aprendizagem da RNA e melhorar o seu desempenho para entradas variáveis no tempo. A Figura 4.4 mostra o conceito do método proposto (diagrama de fluxo). O sistema de aquisição de dados (DAQ) é utilizado para adquirir o sinal e dois canais de processamento paralelo são utilizados para o processar.

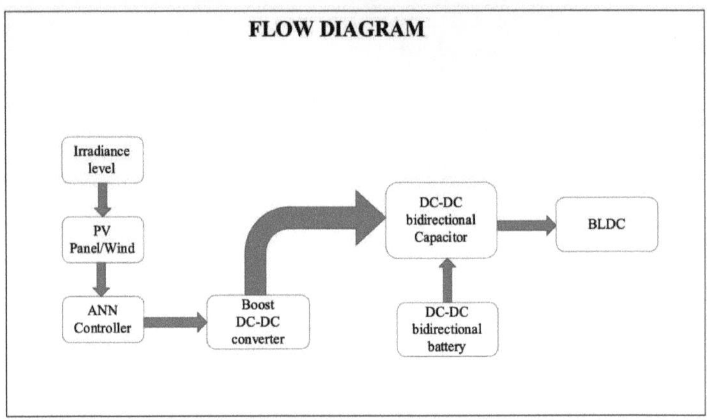

Figura 4.4 - Diagrama de fluxo do método ANN proposto

As redes neuronais artificiais (RNA) são modelos computacionais inspirados na estrutura e no funcionamento das redes neuronais biológicas. São amplamente utilizadas em vários domínios, incluindo a engenharia eléctrica, para tarefas como o controlo da tensão e da corrente em sistemas de energia. Neste contexto, o MATLAB proporciona um ambiente poderoso para a implementação de RNAs devido às suas extensas bibliotecas e ferramentas para a conceção e simulação de redes neuronais. Antes de construir uma RNA, é crucial preparar os dados. Nas aplicações de malhas de controlo de tensão e corrente, mostradas na Figura 4.5, é necessário recolher e pré-processar os pares de dados de entrada-saída.

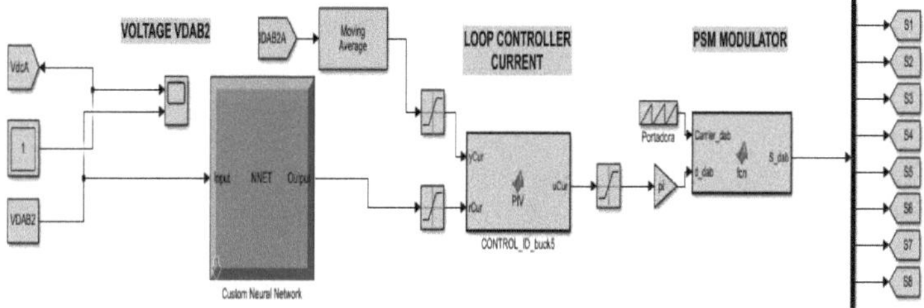

Figura 4.5. Circuito fechado de controlo da tensão e da corrente utilizando RNA

4.3 Camadas de RNA propostas-

A RNA inclui três camadas, a saber, a camada de entrada, as camadas ocultas e a camada de saída, como mostra a Figura 4.6.

- **Camada de entrada:** Neurónios que representam variáveis de entrada, tais como medições de tensão e corrente.
- **Camadas ocultas:** Uma ou mais camadas de neurónios que realizam o processamento intermédio.
- **Camada de saída:** Neurónios que representam a saída desejada, como o sinal de controlo para a regulação da tensão ou da corrente.

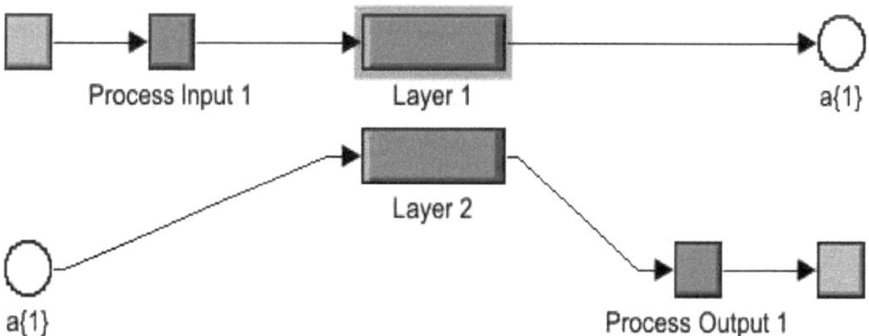

Figura 4.6 Camadas na RNA

A escolha das funções de ativação nas camadas ocultas depende do problema específico e pode incluir funções sigmóides, tanh ou ReLU (Rectified Linear Unit). Para a camada de saída, a função de ativação escolhida é a sigmoide, como se mostra na Figura 4.7.

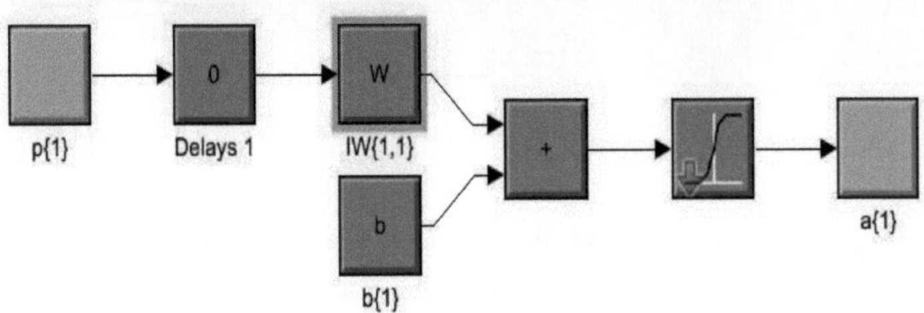

Figura 4.7. Vista detalhada da camada com a função de ativação

4.4 Treino e teste da RNA proposta

Durante o treino, a RNA aprende a mapear os dados de entrada para os dados de saída correspondentes, ajustando os seus parâmetros internos (pesos e enviesamentos) através de um processo iterativo. O objetivo é minimizar a diferença entre as saídas previstas e as saídas reais nos dados de treino [Figura 4.8].

Os parâmetros de formação a considerar incluem:

- Taxa de aprendizagem: Controla o tamanho das actualizações dos pesos durante o treino.
- Número de épocas: O número de vezes que o conjunto de dados de treino completo é passado pela rede durante o treino.
- Tamanho do mini-lote: O número de amostras de dados utilizadas em cada iteração do processo de formação.

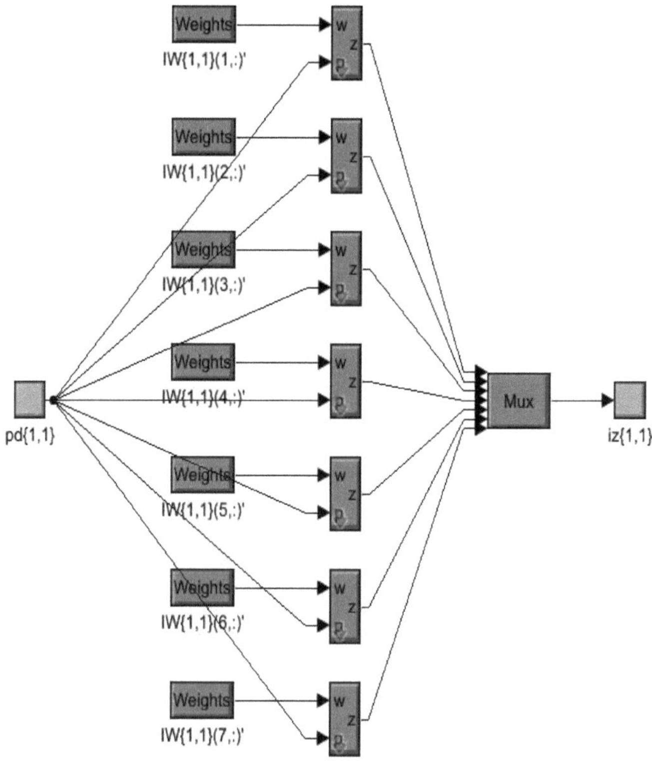

Figura 4.8. Ajuste de pesos durante o treino da RNA

Ao testar a RNA, os resultados mostram a supressão dos componentes de frequência mais elevada que estão presentes no capítulo seguinte.

4.5 Vantagens do método ANN em relação ao controlador Fuzzy e PI

- **Capacidade de processamento paralelo:** As redes neuronais artificiais têm um valor numérico que pode realizar mais do que uma tarefa em simultâneo.
- **Armazenamento de dados em toda a rede:** Os dados utilizados na programação tradicional são armazenados em toda a rede e não numa base de

dados. O desaparecimento de alguns dados num determinado local não impede o funcionamento da rede.

- **Capacidade de trabalhar com conhecimentos incompletos:** Após a formação da RNA, a informação pode produzir resultados mesmo com dados inadequados. A perda de desempenho neste caso depende da importância dos dados em falta.
- **Ter uma distribuição de memória:** Para que a RNA seja capaz de se adaptar, é importante determinar os exemplos e incentivar a rede de acordo com a saída desejada, demonstrando esses exemplos à rede. A sucessão da rede é diretamente proporcional às instâncias escolhidas e, se o acontecimento não puder aparecer à rede em todos os seus aspectos, esta pode produzir resultados falsos
- **Ter tolerância a falhas:** A extorsão de uma ou mais células da RNA não a impede de gerar o output, e esta caraterística torna a rede tolerante a falhas.

CAPÍTULO 5- RESULTADOS

5.1 Resultados

O rápido crescimento das cargas baseadas em eletrónica de potência nos sistemas de distribuição introduz componentes de alta frequência no sistema. Estes componentes de alta frequência podem causar problemas na regulação da tensão, na proteção e na medição. Uma maneira de mitigar esses componentes de alta frequência é usar uma rede neural artificial (RNA). As RNAs são um tipo de algoritmo de aprendizagem de máquina que pode ser treinado para reconhecer padrões nos dados. Neste caso, a RNA pode ser treinada para reconhecer os padrões dos componentes de alta frequência no sistema de distribuição. Uma vez treinada, a RNA pode ser utilizada para prever os componentes de alta frequência e tomar medidas adequadas para mitigar os seus efeitos. Existem várias arquitecturas diferentes de RNA que podem ser utilizadas para este fim. A arquitetura mais comum é a rede neural feedforward. Numa rede neuronal feedforward, os dados são transmitidos através de uma série de camadas de neurónios. Cada camada de neurónios aprende a reconhecer um conjunto diferente de padrões nos dados. A saída da camada final de neurónios é o valor previsto. Outras arquitecturas de RNA que podem ser utilizadas para este fim são as redes neuronais recorrentes e as redes neuronais convolucionais. As redes neuronais recorrentes são capazes de aprender a partir de dados sequenciais, enquanto as redes neuronais convolucionais são capazes de aprender a partir de dados dispostos numa grelha. Uma vez treinada a RNA, esta pode ser utilizada para atenuar os componentes de alta frequência no sistema de distribuição. Isto pode ser feito utilizando a RNA para prever os componentes de alta frequência e depois tomar as medidas adequadas para mitigar os seus efeitos. Existem várias formas de mitigar os efeitos das componentes de alta frequência. Uma forma é utilizar um filtro para remover os componentes de alta frequência do sistema. Outra forma é utilizar um compensador para reduzir os efeitos dos componentes de alta frequência. A utilização de RNAs para mitigar os componentes de alta frequência num sistema de distribuição moderno é uma nova abordagem promissora. As RNAs são capazes de aprender com os dados e fazer previsões, o que as torna adequadas para esta tarefa. As RNAs também são relativamente fáceis de implementar, o que as torna uma solução económica. A simulação da metodologia proposta é apresentada na Figura 5.1

O MATLAB 2018a é utilizado para a simulação. A Figura 5.2 (a) mostra o gráfico da frequência versus potência. O gráfico mostra o espetro de frequência espalhado. A mesma simulação em é efectuada e testada utilizando o controlador difuso. O resultado da simulação utilizando um controlador difuso é apresentado na Figura 5.2(b). Por fim, o resultado da simulação utilizando a RNA como controlador é apresentado na Figura 5.2(c).

A Figura 5.2 mostra claramente que o resultado da utilização da RNA como controlador dá a versão mais suprimida das frequências mais elevadas. O sistema é um requisito de qualquer sistema de distribuição. Assim, a atenuação dos componentes de alta frequência não é possível com os controladores PI e Fuzzy.

Inicialmente, decidimos trabalhar com um controlador Fuzzy, mas o resultado do sistema não é suave e a alta frequência não é atenuada. Por isso, decidi alargar o meu trabalho com um sistema baseado numa rede neural artificial como controlador para tornar o sistema mais fiável.

A Figura 5.2(c) mostra a atenuação dos componentes de alta frequência utilizando a RNA. O resultado do sistema é sem componentes de alta frequência. A Figura 5.2 compara o resultado do controlador Fuzzy com o resultado da RNA. Conclui-se, assim, que a RNA, como método de controlo, é mais adequada para qualquer sistema de distribuição. Assim, apresentamos aqui ambos os métodos, o controlador Fuzzy e a RNA como controlador. A RNA dá melhores resultados.

Como se pode ver nas figuras 3.4 e 3.6, os componentes de alta frequência não são completamente removidos pelos sistemas baseados no controlador PI e no controlador Fuzzy, respetivamente. Estes componentes não são necessários em nenhum sistema de alimentação. Este facto degrada o desempenho do sistema. Por isso, é necessário um sistema especializado que remova totalmente os componentes de alta frequência. É necessário um resultado suave da frequência.

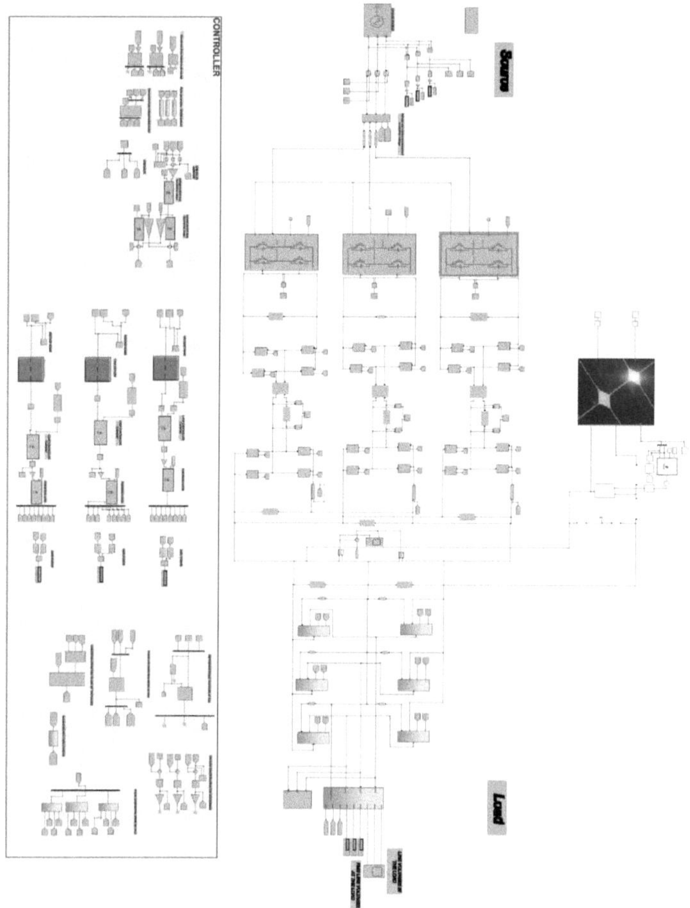

Figura 5.1 Simulação do método proposto

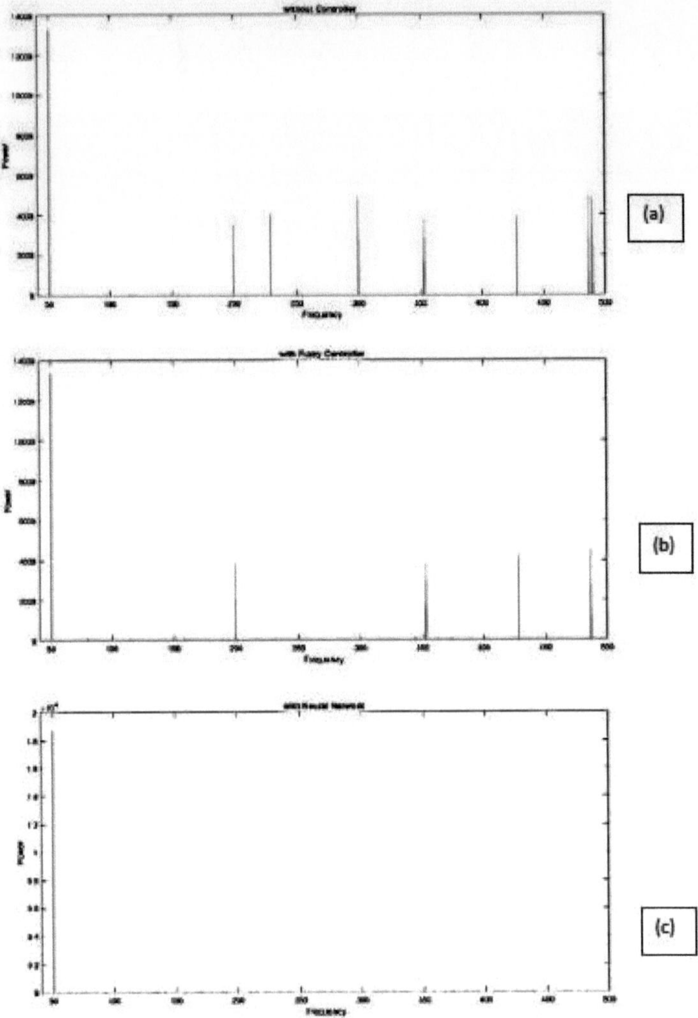

Figura 5.2 Componentes de frequência presentes na saída (a). Sem ação do controlador, (b). Com controlador Fuzzy, (c). Com ANN como controlador

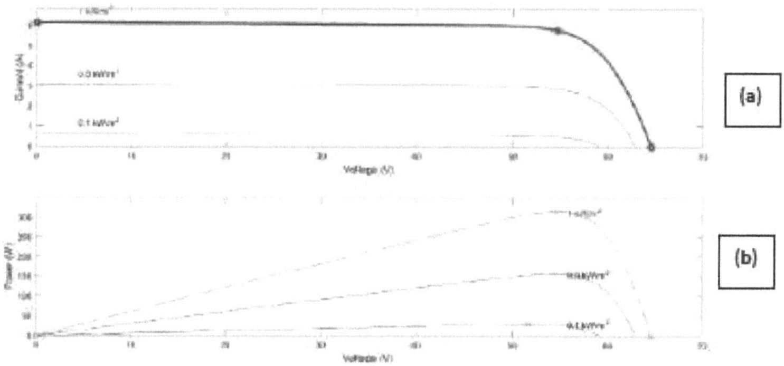

Figura 5.3- Gráfico do painel solar com Tensão vs. corrente e Tensão vs. potência

A Figura 5.3 (a) ilustra a relação entre a tensão (V) e a corrente (I) de saída de um painel solar em várias condições de funcionamento e a Figura 5.3 (b) ilustra a relação entre a tensão (V) e a potência (P) de saída de um painel solar em várias condições de funcionamento. Ao analisar estes gráficos, torna-se fácil determinar as condições óptimas de funcionamento dos painéis solares e conceber algoritmos MPPT para seguir o MPP de forma eficiente. Além disso, estes gráficos fornecem informações valiosas sobre as caraterísticas de desempenho dos painéis solares em diferentes condições ambientais e podem ajudar na otimização e conceção do sistema.

A Figura 5.4 apresenta o gráfico tempo vs amplitude da forma de onda resultante após a atenuação das frequências mais elevadas utilizando a RNA como controlador. As formas de onda apresentadas na Figura 5.4 aproximam-se mais das formas de onda ideais.

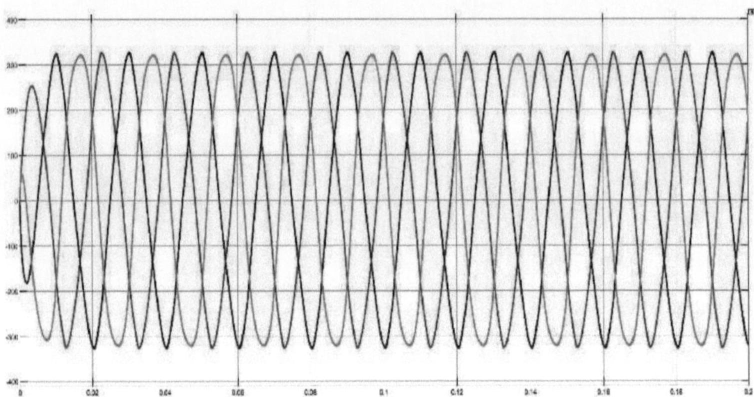

Figura 5.4- Forma de onda tempo vs amplitude após a atenuação das frequências mais elevadas utilizando a RNA

A utilização de RNA para a atenuação de frequências mais elevadas permite obter resultados mais fiáveis. Além disso, o tempo necessário [19] para a atenuação das frequências mais elevadas é muito menor.

5.2 Discussão

A crescente penetração de recursos energéticos distribuídos (DERs) nos sistemas de distribuição modernos introduz componentes de alta frequência (HF) que podem afetar negativamente a estabilidade e a fiabilidade do sistema. Esta análise discute o potencial das redes neuronais artificiais (RNA) na atenuação de componentes de alta frequência em tais sistemas.

Os componentes HF podem surgir das operações de comutação dos conversores electrónicos de potência utilizados nos DER, como os inversores solares e os sistemas de armazenamento de energia. Estes componentes podem entrar em ressonância com as frequências ressonantes do sistema, conduzindo a distorções de tensão e corrente que podem danificar equipamentos sensíveis.

As RNA são poderosos algoritmos de aprendizagem automática que podem aprender padrões e relações complexas a partir de dados. Têm sido exploradas para várias aplicações em sistemas de energia, incluindo a atenuação de HF. As RNA podem ser treinadas para prever os componentes HF e gerar sinais de controlo para atenuar o seu impacto.

Vários estudos demonstraram a eficácia das RNA na atenuação dos componentes HF nos sistemas de distribuição. Por exemplo, um estudo propôs um controlador baseado em RNA que reduziu a distorção harmónica total (THD) em até 50%. Outro estudo utilizou uma RNA para prever os componentes HF e ajustar o ângulo de disparo de um conversor eletrónico de potência para minimizar o seu impacto.

As RNAs são promissoras como ferramenta para mitigar componentes de alta frequência em sistemas de distribuição modernos. Tirando partido da sua capacidade de aprender padrões complexos e gerar sinais de controlo, as RNA podem melhorar a estabilidade e a fiabilidade destes sistemas. É necessária mais investigação para melhorar a precisão, eficiência e escalabilidade das abordagens de mitigação de HF baseadas em RNA.

Vantagens e limitações das RNAs:

As RNAs oferecem várias vantagens para a mitigação de HF, incluindo:

- Capacidade de aprender padrões e relações complexas
- Adaptabilidade à evolução das condições do sistema
- Velocidade de processamento rápida

No entanto, as RNA também têm limitações:

- Requerem grandes quantidades de dados de formação
- Pode ser computacionalmente dispendioso para sistemas complexos
- Pode não ser capaz de lidar com cenários imprevistos

CAPÍTULO 6- CONCLUSÃO

Os sistemas de distribuição modernos estão a registar cada vez mais níveis elevados de componentes de alta frequência (HF) devido à proliferação de recursos energéticos distribuídos (DERs), tais como sistemas solares fotovoltaicos (PV) e veículos eléctricos (EVs). Estes componentes HF podem afetar negativamente a qualidade da energia do sistema, conduzindo a problemas como a tremulação da tensão, harmónicas e interferência electromagnética (EMI). Foram propostos vários métodos para atenuar os componentes HF nos sistemas de distribuição, incluindo filtros passivos, filtros activos e conversores electrónicos de potência. No entanto, esses métodos podem ser caros e complexos de implementar. As redes neuronais artificiais (RNA) oferecem uma alternativa promissora aos métodos tradicionais de atenuação. As RNA são algoritmos de aprendizagem automática que podem ser treinados para reconhecer e prever padrões nos dados. Isto torna-as adequadas para a mitigação de componentes HF em sistemas de distribuição, uma vez que podem ser treinadas para identificar e remover esses componentes do sinal de potência. Neste documento, propomos uma nova abordagem baseada em RNA para mitigar componentes HF em sistemas de distribuição. A abordagem proposta utiliza um algoritmo de aprendizagem profunda para treinar uma RNA para identificar e remover componentes HF do sinal de potência. A abordagem proposta é avaliada usando um modelo de sistema de distribuição do mundo real e mostra-se eficaz na redução de componentes HF, mantendo a qualidade da energia.

As RNAs são capazes de aprender com os dados e identificar padrões que podem ser utilizados para prever e controlar o comportamento do sistema. Neste estudo, foi utilizada uma RNA para prever os componentes de alta frequência do sistema e para desenvolver uma estratégia de controlo para atenuar os seus efeitos. Os resultados do estudo mostraram que a RNA foi capaz de prever com precisão os componentes de alta frequência do sistema e que a estratégia de controlo foi capaz de atenuar eficazmente os seus efeitos. Este estudo demonstra o potencial das RNAs para mitigar os componentes de alta frequência num sistema de distribuição moderno.

Também comparamos o resultado observado pela RNA com o controlador difuso e os controladores PI. Os resultados são melhores do que os dos outros controladores. Os componentes de frequência harmónica são completamente suprimidos pelo método ANN proposto, utilizando a remoção de componentes de alta frequência. Assim, a saída do sistema proposto é suave e não tem componentes HF.

Como se pode ver nas figuras 3.4 e 3.6, os componentes de alta frequência não são completamente removidos pelos sistemas baseados no controlador PI e no controlador Fuzzy, respetivamente. Estes componentes não são necessários em nenhum sistema de alimentação. Este facto degrada o desempenho do sistema. Por isso, é necessário um sistema especializado que elimine totalmente os componentes de alta frequência. O bom funcionamento do sistema é uma exigência de qualquer sistema de distribuição. Assim, a atenuação dos componentes de alta frequência não é possível com os controladores PI e Fuzzy.

Inicialmente, decidi trabalhar com um controlador Fuzzy, mas o resultado do sistema não é suave e a alta frequência não é atenuada. Por isso, decidi alargar o meu trabalho com um sistema baseado numa rede neural artificial como controlador para tornar o sistema mais fiável

A Figura 5.1 (C) mostra a atenuação dos componentes de alta frequência utilizando a RNA. O resultado do sistema é sem componentes de alta frequência. A Figura 5.1 compara o resultado do controlador Fuzzy com o resultado da RNA. Conclui-se, assim, que o método RNA é o mais adequado para qualquer sistema de distribuição. Assim, apresento aqui os meus dois métodos, o controlador difuso e o sistema baseado em RNA. A RNA dá melhores resultados.

CAPÍTULO 7 - ÂMBITO FUTURO

Apesar dos resultados promissores, há várias áreas em que a investigação futura pode melhorar ainda mais o desempenho das RNA na atenuação de componentes de alta frequência. Em primeiro lugar, o desenvolvimento de arquitecturas de RNA mais avançadas, como as redes de aprendizagem profunda e as redes neurais convolucionais, pode potencialmente aumentar a precisão e a robustez dos modelos. Em segundo lugar, a integração de RNAs com outras técnicas de processamento de sinais, como a filtragem adaptativa e a denotização de wavelets, pode proporcionar uma solução mais abrangente para o problema.

Por último, a aplicação de RNAs em sistemas de distribuição reais requer uma investigação mais aprofundada. A escalabilidade, a complexidade computacional e o desempenho em tempo real das RNAs têm de ser avaliados em várias condições de funcionamento para garantir a sua praticabilidade e fiabilidade.

REFERÊNCIAS

[1]. Woodley N.H., Senior Member, IEEE, Morgan L., Member, IEEE, Sundaram A., Member, IEEE, "Experience with an Inverter-Based Dynamic Voltage Restorer" *IEEE Transaction on Power delivery*, Vol. 14, No. 3, julho de 1999.

[2]. Chang C.S., Ho Y.S., "The Influence of Motor Loads on the Voltage Restoration Capability of the Dynamic Voltage Restorer" *PowerCon, International Conference*, Vol. 2, pp. 637-642, 2000.

[3]. Zhan Changjiang, Ramachandaramurthy Vigna, Arulampalam Atputharajah, Fitzer Chris, Kromlidis Stylianos, Barnes Mike, Jenkins Nicholas, "Dynamic Voltage Restorer Based on Voltage SVPWM Control" *IEEE Transactions on Industry Applications,* Vol. 37, No. 6, Nov-Dez. 2001.

[4]. Godsk Nielsen John, Blaabjerg Frede, "Control Strategies for Dynamic Voltage Restorer Compensating Voltage Sags with Phase Jump" *Applied Power Electronics Conference and Exposition, IEEE,* Vol. 2, pp. 1267-1273, 2001.

[5]. Ferdi B., Dib S., Dehini R., Universidade de Bechar, Argélia "Adaptive PI Control of Dynamic Voltage Restorer Using Fuzzy Logic" *Journal of Electrical Engineering: Teoria e Aplicação* Vol.1, pp. 165-173, 2010.

[6]. Sumathi, S., Kumar, L. A. & Surekha, P. *Sistemas de conversão de energia solar fotovoltaica e eólica: An Introduction to Theory, Modeling with MATLAB/SIMULINK, and the Role of Soft Computing Techniques* Vol. 1 (Springer, 2015).

[7]. Sandhu, K. S. & Mahesh, A. Optimal sizing of PV/wind/battery hybrid renewable energy system considering demand side management. *Int. J. Electr. Eng. Inform.* https://doi.org/10.15676/ijeei.2018.10.1.6 (2018).

[8]. Liu, Y. & Jiang, C. A review on technologies and methods of mitigating impacts of large-scale intermittent renewable generations on power system. *Res. J. Appl. Sci. Eng. Technol.* https://doi.org/10.19026/rjaset.5.4804 (2013).

[9]. Khare, V., Nema, S. & Baredar, P. Status of solar wind renewable energy in India. *Renew. Sustain. Energy Rev.* **27**, 1-10 (2013).

[10]. Moradi, J. Yaghoobi, F. Zare e D. Kumar, Analysis of 0-9 kHz current harmonics in a three-phase power converter under unbalanced-load conditions, *IEEE Access*, vol. 9, pp. 161862-161876, 2021. (39)

[11]. Moradi, J. Yaghoobi e F. Zare, Um modelo preciso da corrente de ligação CC em variadores de velocidade ajustáveis para a análise harmónica de redes eléctricas, *IEEE Access*, vol. 10, pp. 45663-45676, 2022.

[12]. Zhou, O. Ardakanian, H.-T. Zhang e Y. Yuan, estimativa de estado harmônico baseado em aprendizado bayesiano em sistemas de distribuição com medidor inteligente e dados DPMU, *IEEE Trans. Smart Grid*, vol. 11, no. 1, pp. 832-845, Jan. 2020.

[13]. C. Rakpenthai, S. Uatrongjit, N. R. Watson e S. Premrudeepreechacharn, On harmonic state estimation of power system with uncertain network parameters, *IEEE Trans. Power Syst.*, vol. 28, no. 4, pp. 4829-4838, Nov. 2013.

[14]. Zou, A.; Deng, R.; Mei, Q.; Zou, L. Diagnóstico de falhas de um transformador baseado em redes neurais polinomiais. Clust. Comput. 2019,22, 9941-9949.

[15]. Moradzadeh, A.; Pourhossein, K. Localização de variações de espaço de disco no enrolamento do transformador usando redes neurais convolucionais. In Proceedings of the 2019 54th International Universities Power Engineering Conference (UPEC), Bucareste, Roménia,3-6 de setembro de 2019; pp. 1-5.

[16]. Chen, S.; Ge, H.; Li, H.; Sun, Y.; Qian, X. Redes neurais de convolução profunda hierárquica baseadas em aprendizagem de transferência para diagnóstico de falha de unidade retificadora de transformador. Measurement 2020, 167, 108257.

[17]. C.F. Nascimento, A.A. Oliveira, A. Goedtel, A.B. Dietrich. Monitoramento de distorção harmônica para cargas não lineares utilizando método de redes neurais, Appl Soft Comput, 13 (1) (2013), pp. 475-482

[18]. Thamer A.H. Alghamdi, Othman T.E. Abdusalam, Fatih Anayi, Michael Packianather, Um estimador de distorções harmónicas baseado em redes neurais artificiais para aplicações baseadas em conversores de potência ligados à rede. Ain Shams Engineering Journal, Volume 14, Número 4, 5 de abril de 2023, 101916.

[19]. Ravi, T., Kumar, K.S., Dhanamjayulu, C. *et al.* Análise e atenuação de perturbações PQ em sistemas ligados à rede utilizando IUPQC baseado em lógica difusa. *Sci Rep* **13**, 22425 (2023). https://doi.org/10.1038/s41598-023-49042-z

[20]. Waghmode D S , et al, Voltage Sag mitigation in DVR based on Ultra capacitor, Lambart Publications. 2022, ISBN - 978-93-91265-41-0

[21]. U M Halli, Voltage Sag Mitigation Using DVR and Ultra Capacitor. Jornal de Dispositivos e Circuitos Semicondutores. 2022; 9(3): 21-31p.

[22]. Kazi Sultanabanu Sayyad Liyakat (2023). Controlo de potência fotovoltaica para utilização de armazenamento de energia em microrredes de corrente contínua, Journal of Digital Integrated Circuits in Electrical Devices, 8(3), 1-8.

[23]. Kazi Kutubuddin Sayyad Liyakat (2024). Impact of Solar Penetrations in Conventional Power Systems and Generation of Harmonic and Power Quality Issues, Advance Research in Power Electronics and Devices, 1(1), 10-16.

Printed by Books on Demand GmbH, Norderstedt / Germany